应用型本科院校"十三五"规划教材

电路基础实验与课程设计

第二版

主　编　田丽鸿

副主编　夏　晔　韩　磊　徐国峰

参　编　刘　勤　闵立清

延伸学习资料

南京大学出版社

图书在版编目(CIP)数据

电路基础实验与课程设计 / 田丽鸿主编. —2 版.
—南京:南京大学出版社,2018.1(2023.1 重印)

应用型本科院校"十三五"规划教材

ISBN 978 - 7 - 305 - 19854 - 0

Ⅰ. ①电… Ⅱ. ①田… Ⅲ. ①电路基础—实验—高等
学校—教材 Ⅳ. ①TM133—33

中国版本图书馆 CIP 数据核字(2018)第 012741 号

出版发行 南京大学出版社
社 址 南京市汉口路 22 号 邮 编 210093
出 版 人 金鑫荣

丛 书 名 应用型本科院校"十三五"规划教材
书 名 电路基础实验与课程设计(第二版)
主 编 田丽鸿
责任编辑 贾 辉 吴 汀 编辑热线 025 - 83597482
照 排 南京开卷文化传媒有限公司
印 刷 南京人文印务有限公司
开 本 787×1092 1/16 印张 13.75 字数 335 千
版 次 2023 年 1 月第 2 版第 2 次印刷
ISBN 978 - 7 - 305 - 19854 - 0
定 价 45.00 元

网 址:http://www.njupco.com
官方微博:http://weibo.com/njupco
微信服务号:njuyuexue
销售咨询热线:(025)83594756

前 言

实践环节是电路基础类课程的一个重要教学环节,通过实验及课程设计对学生进行基本技能的训练,可以巩固和加深理解课程的基本理论知识,培养实事求是、严肃认真的科学态度和处理实际工程问题的能力。所以,在电路课程的建设中应始终将实验及课程设计作为一个重要组成部分,使实验与课程设计的方法和手段得到不断的改进和完善。

随着计算机技术和信息技术的发展,为适应新的应用型本科人才培养模式需求,本书是根据"21世纪应用型本科计算机及信息技术实验教材编写纲要"编写,是应用型本科的规划教材。

在修订本书的过程中,考虑到应用型本科院校专业实验教学的特点,力求做到以下几点:

(1) 实践环节和仿真环节相结合。对同一实验,采用实践性实验和仿真性实验同时进行的方法,通过合理的实验步骤,将仿真性实验与实践性实验的各自特点与结论进行比较、分析,从而更为熟练地掌握不同实验方法和理论,在实验报告中体现其不同特色,更好地体现教材的互补性和新颖性。

(2) 注意实验过程中的引导作用。本着引导性和层次性的原则,本书在编写中注意层层引入,让学生根据实验任务自发思考相关理论环节,同时思考如何完成实验,如何搭建电路,不拘泥于一个电路或一个结论,以期更好地启发学生思考和分析问题,进而提高他们的应用能力。

(3) 将实验报告合理安排进教材。本书在编写中,力图通过合理设计实验报告格式,将原始数据直接记入实验报告,达到效率和质量的统一,使学生有更多的时间来进行实验本身的思考和分析。

(4) 课程设计环节突出综合应用能力。根据学生的知识范围和实际水平,以突出实用为原则,对课程设计进行取材,并在课程设计过程中细化要求,对理论和实践环节提出了明确标准。

(5) 注意知识的拓展性和实用性。本书增加了电路相关知识积累和实验实用常识,使其更富有启发性,有利于激发学生学习兴趣,适应素质教育的需要,全面培养学生知识、能力和素质。

参加本书编写的有：南京工程学院田丽鸿（第一章、第八章、第九章），南京工程学院夏晔（第二章、第四章主要内容），南京工程学院韩磊（第三章、第四章部分内容），南京工程学院徐国峰（第二章部分内容、第四章部分内容，第六章、第七章），南京工程学院刘勤（第五章），常州工学院闵立清（第二章、第四章部分内容），全书由田丽鸿任主编并统稿。

　　限于编者水平，书中会有许多考虑不周的地方，缺点错误也在所难免，恳请读者批评指正。

编　者

2018 年 1 月

目　录

第一篇　电路基础实验基本知识概述

第1章　电路基础实验基本知识 ·· 1

1.1　实验基本知识概述 ·· 1

  1.1.1　实验目的 ··· 1

  1.1.2　实验课程的要求 ··· 1

  1.1.3　实验步骤及实验报告要求 ····································· 1

  1.1.4　实验注意事项 ·· 2

1.2　电路测量基本知识 ··· 3

  1.2.1　电工测量方法介绍 ··· 3

  1.2.2　测量误差基本知识 ··· 4

  1.2.3　测量数据的合成处理 ··· 8

1.3　安全用电常识 ··· 10

  1.3.1　触电原因及其防护 ·· 10

  1.3.2　触电急救措施 ··· 12

第2章　常用仪器仪表及实验系统介绍 ····························· 14

2.1　电流表、电压表与功率表的使用 ··································· 14

2.2　示波器 ·· 14

  2.2.1　DF4320 型双踪示波器 ·· 14

  2.2.2　SDS1000L 型数字存储示波器 ··································· 18

2.3　信号发生器 ··· 27

  2.3.1　SG1631C 函数信号发生器 ······································ 27

  2.3.2　SG1641A 函数信号发生器 ······································ 28

  2.3.3　SG1408 型数字合成/任意波信号发生器 ························· 30

2.4　万用表 ·· 37

  2.4.1　万用表介绍 ·· 37

  2.4.2　万用表测量二极管和三极管极性的方法 ······················ 40

2.5　交流毫伏表 ··· 41

  2.5.1　TC2172A 型交流毫伏表 ··· 41

  2.5.2　DF1930A 型交流毫伏表 ··· 43

2.6 直流稳压电源 ･･･ 44

2.6.1 DH1718 系列直流双路跟踪稳压稳流电源 ･････････････････ 45

2.6.2 SG1731 系列直流稳压稳流电源 ･････････････････････････ 45

2.7 TC-6720 电路分析实验箱介绍 ･･････････････････････････････････ 48

2.7.1 TC-6720 电路分析实验箱概述 ･･･････････････････････････ 48

2.7.2 TC-6720 电路分析实验箱主要技术指标 ･････････････････ 49

2.7.3 TC-6720 电路分析实验箱注意事项 ･････････････････････ 50

2.8 DG-3 型电工实验系统(台)介绍 ･････････････････････････････ 50

2.8.1 DG-3 型电工实验系统(台)概述 ･････････････････････ 50

2.8.2 DG-3 型电工实验系统(台)特点 ･････････････････････ 51

2.8.3 DG-3 型电工实验系统(台)注意事项 ･････････････････ 51

第3章　电路仿真软件介绍 ･･･ 53

3.1 电路仿真软件的发展及意义 ･････････････････････････････････ 53

3.2 EWB 仿真软件介绍 ･･･ 54

3.2.1 EWB 特点 ･･ 54

3.2.2 EWB 的界面 ･･ 55

3.2.3 EWB 的操作方法 ･･････････････････････････････････････ 59

3.3 Multisim 10 仿真软件介绍 ･･･････････････････････････････････ 60

3.3.1 Multisim 10 的基本操作 ･･･････････････････････････････ 60

3.3.2 Multisim 10 的基本分析方法 ･･･････････････････････････ 69

3.3.3 Multisim 10 的典型应用 ･･･････････････････････････････ 84

第二篇　电路基础实验

第4章　直流电路基础实验 ･･ 90

4.1 指导性实验 ･･ 90

4.1.1 基尔霍夫定律 ･･ 90

4.1.2 叠加原理 ･･･ 92

4.1.3 戴维南定理与诺顿定理 ･･････････････････････････････････ 94

4.2 引导性实验 ･･･ 97

4.2.1 叠加定理和戴维南定理 ･･････････････････････････････････ 97

4.2.2 最大功率传输定理 ･･････････････････････････････････････ 100

4.3 设计性实验 ･･ 103

4.3.1 二端口网络参数的测量 ･･････････････････････････････････ 103

4.3.2 实际电压源与实际电流源的等效变换 ･････････････････････ 108

4.3.3 电阻 Y-△连接与等效转换 ･･････････････････････････････ 112

4.3.4　分压器设计实验 ···································· 116

　　　4.3.5　电流表、电压表扩大量程实验 ···················· 119

第5章　交流电路基础实验 ·· 123

　5.1　指导性实验 ·· 123

　　　5.1.1　常用电子仪器的使用 ···························· 123

　　　5.1.2　交流电路参数的测定 ···························· 126

　　　5.1.3　日光灯电路及功率因数的提高 ·················· 131

　5.2　引导性实验 ·· 134

　　　5.2.1　一阶电路的过渡过程 ···························· 134

　　　5.2.2　二阶电路的过渡过程 ···························· 139

　5.3　设计性实验 ·· 143

　　　5.3.1　直流线性二端口网络参数的测量 ················ 143

　　　5.3.2　RLC 串联电路及串联谐振 ······················ 153

　　　5.3.3　常用电子仪器仪表的综合应用实验 ·············· 157

第三篇　电路基础实验报告

第6章　直流实验报告 ·· 162

　6.1　指导性实验报告(基尔霍夫定理) ························ 163

　6.2　引导性实验报告(叠加定理和戴维南定理) ·············· 167

　6.3　设计性实验报告 ·· 171

第7章　交流实验报告 ·· 175

　7.1　指导性实验报告(日光灯电路及功率因数的提高) ········ 175

　7.2　引导性实验报告(一阶电路的过渡过程) ················ 179

　7.3　设计性实验报告(题目自选) ···························· 182

第四篇　电路基础课程设计

第8章　万用表的设计和仿真 ···································· 184

　8.1　课程设计任务书及时间安排 ······························ 184

　　　8.1.1　课程设计任务书 ································ 184

　　　8.1.2　MF-16 型万用表的技术指标 ···················· 184

　　　8.1.3　Multisim 软件仿真、调试 ······················ 185

　　　8.1.4　课程设计报告要求 ······························ 185

　　　8.1.5　课程设计考核方法 ······························ 185

　　　8.1.6　课程设计阶段安排 ······························ 185

　8.2　万用表的设计和计算 ·· 186

8.2.1　电工仪表的基本知识 ·· 186

8.2.2　万用表的结构和原理 ·· 187

8.2.3　万用表单元电路的设计 ·· 190

8.2.4　万用表整体电路的整合 ·· 202

8.3　万用表的 Multisim 仿真 ··· 204

8.3.1　Multisim 软件的学习 ·· 204

8.3.2　单元电路的仿真 ·· 204

8.3.3　整体电路的仿真 ·· 205

8.4　课程设计验收标准 ·· 206

8.4.1　设计部分 ·· 206

8.4.2　仿真部分 ·· 206

第9章　直流稳压电源的设计与仿真 ·· 207

9.1　课程设计任务书及时间安排 ·· 207

9.1.1　课程设计任务 ·· 207

9.1.2　直流稳压电源的技术指标 ·· 207

9.1.3　Multisim 软件仿真、调试 ·· 207

9.1.4　课程设计报告要求 ·· 207

9.1.5　课程设计考核方法 ·· 207

9.1.6　课程设计阶段安排 ·· 208

9.2　直流稳压电源的设计和计算 ·· 208

9.2.1　直流稳压电源的基本知识 ·· 208

9.2.2　设计方案的确定 ·· 209

9.3　直流稳压电源的 Multisim 仿真 ··· 210

9.3.1　Multisim 软件的学习 ·· 210

9.3.2　单元电路的仿真 ·· 210

9.3.3　方法与步骤 ·· 210

9.4　课程设计验收标准 ·· 211

9.4.1　设计部分 ·· 211

9.4.2　仿真部分 ·· 211

参考文献 ·· 212

第一篇　电路基础实验基本知识概述

第1章　电路基础实验基本知识

1.1　实验基本知识概述

1.1.1　实验目的

实验课是高等教育中一个不可缺少的重要环节,是理论联系实际的重要手段,通过验证和巩固课堂上所学的理论知识,训练实验技能,培养实事求是、严肃认真、细致踏实的科学作风和良好的实验素质。

1.1.2　实验课程的要求

通过电路基础实验课,学生在实验技能方面应达到下列要求:

(1) 正确使用万用表、电流表、电压表、功率表以及常用的一些电工实验设备;初步掌握实验中用到的信号发生器、示波器、晶体管稳压电源、晶体管毫伏表等实验仪器以及实验系统(台)的使用方法。

(2) 学会按电路图连接实验线路和合理布线,能够初步分析并排除故障。

(3) 能够认真观察实验现象,正确地读数,绘制图表、曲线,分析实验结果,正确书写实验报告。

(4) 正确地运用实验手段来验证一些定理和结论。

(5) 具有根据实验任务确定方案,设计实验线路和选择仪器设备的初步能力。

1.1.3　实验步骤及实验报告要求

实验课一般分为课前预习、实验过程及实验报告三个阶段. 各阶段的具体要求如下:

1. 课前预习

实验能否顺利进行并达到预期效果,很大程度上取决于预习准备工作是否充分。因此,在预习过程中,应仔细阅读实验指导书和其他参考资料;明确实验的目的、内容,了解实验的基本原理以及实验的方法、步骤,清楚实验中要观察哪些现象、记录哪些数据、应注意哪些事项。

学生必须认真做好预习后,方可进入实验室进行实验。

2. 实验过程

良好的工作方法和操作程序,是使实验顺利进行的有效保证,一般实验按照下列程序进行:

（1）教师在实验前讲授实验要求及注意事项。

（2）学生在规定的桌位上进行实验准备工作。在实验准备过程中应注意以下事项：

① 按本次实验的仪器设备清单清点设备，注意仪器设备类型、规格和数量，辅助设备是否齐全，同时了解设备的使用方法及注意事项。

② 做好记录的准备工作。

③ 做好实验桌面的整理工作，暂时不用的设备整齐地放在一边。

（3）按实验要求连接好实验线路，经自查并请老师复查同意后，才能够合上电源。

（4）按照实验指导书上的实验步骤进行操作、观察现象、读数，认真记录并审查数据。

（5）结束工作。完成全部规定的实验内容，先自行核查实验数据，再经老师复查记分后，方可进行下列结尾工作：

① 切断电源，拆除实验线路。

② 做好仪器设备、桌面和环境的清洁整理工作。

③ 经教师同意后方可离开实验室。

3. 实验报告

实验报告是实验工作的全面总结，要用简明的形式将实验结果完整和认真地表达出来。报告要求文理通顺、简明扼要，字迹端正、图表清晰，结论正确、分析合理、讨论深入。

实验报告应包括下列内容：

（1）实验目的；

（2）实验原理；

（3）实验线路；

（4）实验数据、图表记录；

（5）实验数据分析、实验结果与实验误差分析；

（6）回答思考题；

（7）实验小结。

总结实验完成情况，对实验方案和实验结果进行讨论，对实验中遇到的问题进行分析，简单叙述实验的收获和体会。

1.1.4 实验注意事项

1. 人身安全和设备安全

为确保实验过程中的安全，须遵守实验室各项安全操作规程：

（1）不得擅自接通电源。完成电路接线后，应先自查，再经教师复查合格后方能接通电源。

（2）不能触及带电部分。遵守"先接线、后合电源，先断电源、后拆线"的操作程序。

（3）发现异常现象（声响、发热、焦臭等）应立刻断开电源，再及时报告指导教师检查。

（4）爱护国家财产。实验中因违反操作规程和实验要求，损坏仪器设备者，按学院制度负责赔偿。

2. 线路的连接

将仪器设备合理布置,使之便于操作、读数和接线;先把元件参数调到应有的数值,调压设备及电源设备应放在输出电压最小的位置上,然后按电路图接线,实验线路应力求接得简单、清楚,便于检查,走线要合理,线的长短选择适当,防止连线短路,接线端头不要过于集中于某一点,电表接头在正常情况下不接两根导线,接线松紧要适当,不允许在线路中出现没固定端钮的裸铜接头。

3. 故障的检查

实验过程中常会遇到因断线、接错线等原因造成的故障,使电路工作不正常,严重时可能损坏设备,甚至危及人身安全。故接好线路后,应对电路认真检查。另外,也可用万用表、电压表来检查。

1.2　电路测量基本知识

前面对完成实验过程中需了解的注意事项进行介绍,下面对电路测量的一些基本知识进行介绍,以促进实验的顺利完成。

1.2.1　电工测量方法介绍

测量是人们认识和改造客观世界的一种必不可少的途径,与我们的生活息息相关。将被测电量与作为测量标准的同类电量进行比较,以确定其量值的过程称为电工测量。按其测量手段一般可将测量方法分为三类:

1. 直接测量

将被测量直接与同类量相比较,不需任何计算即可得到测量结果的方法称为直接测量。直接测量法应用广泛,如用电流表直接测量电流、电压表直接测量电压、万用表直接测量电阻器的电阻值等,都属于直接测量方法。直接测量法具有简便、读数迅速等优点,但其准确度要受两方面因素制约:① 测量仪表的基本误差;② 由于测量仪表接入测量电路,仪表的内阻被引入测量电路,使电路及其工作状态发生了改变,也会影响测量准确度。因此,直接测量法的准确度比较低。

直接测量按照得到测量结果的不同方式又分为直读法和比较法两种。

（1）直读法

利用直接指示数值的仪表对被测量进行测量,直接读取测量数据的方法。如利用直流电压表对直流电路中的电压参量进行测量。

直读法具有设备简单,实验操作方便等优点,应用广泛,但其测量准确度不高,最小误差约为 $\pm 0.05\%$。

（2）比较法

将被测量与度量器放在比较仪器上进行比较,从而求得被测量的数值的方法。如利用直流电桥测量电阻阻值。

比较法测量精确度比较高,最小误差约为 $\pm 0.001\%$,但对测量仪表和测量条件要求较高,操作也相对复杂些,一般只在精确度要求较高的场合采用。

2. 间接测量

根据被测量和其他量的函数关系,先测得其他量,然后按函数式把被测量计算出来的方法叫间接测量法。如用伏安法测量电阻阻值、直流电路中根据功率 $P=IU$ 的函数关系通过测量负载的电压和电流间接得到负载的电功率等。

间接测量比直接测量复杂费时,一般只在直接测量很不方便,误差较大或缺乏直接测量的仪器等情况下才采用。间接测量还适用于某种特定条件下的测量,如可测试带电情况下的电阻值。

3. 组合测量

应用仪表测量时,如有若干个待求量,把这些待求量用不同方式组合(或改变测量条件来获得这种不同组合)进行测量(直接或间接),并把测量值与待求量之间的函数关系列成方程组,通过求解方程组(方程式的数量应大于待求量的个数),得到各待求量数值的方法叫组合测量或联立测量。

例如对标准线绕电阻温度系数的测量一般采用组合测量方法。已知线绕电阻阻值 R_t 与温度 t 之间的关系式为:

$$R_t = R_{20}\left[1 + \alpha(t-20) + \beta(t-20)^2\right] \qquad (1-1)$$

式(1-1)中,α、β 为电阻线圈的电阻温度系数,R_{20} 为电阻线圈在 20℃时的电阻值。如要测出待测量 α、β、R_{20},则需测出三组数据(三种温度 t_1、t_2、t_3 条件下的对应的阻值 R_{t1}、R_{t2}、R_{t3}),根据上式列出三个方程,解出联立方程组,即可得到 α、β、R_{20}。

组合测量的测量过程比较复杂,费时费力,是一种特殊的测量方法,一般用在不能单独进行直接测量或间接测量的场合。

1.2.2 测量误差基本知识

测量过程中,由于测量仪器、测量对象、测量方法、测量环境及测量者本身等因素的变化及影响,使测量结果往往并不能准确地反映被测对象的本来面貌,即测量误差不可避免地存在于每一次测量中。

1. 测量误差的主要术语

(1) 真值

真值是指在一定的时间和空间条件下,某物理量客观体现的真实数据。真值是客观存在但不可测量的。测量结果只能无限接近真值,但不能完全到达。

实际的计量和测量中,常用"约定真值"和"相对真值"表示相关概念。"约定真值"是指按照国际公用的单位定义,由国家设立各种体现最高科技水平的、尽可能维持不变的单位实物标准(或基准),以法令的形式指定其所体现的量值作为计量单位的约定值。如水的沸点为100℃。"相对真值"也称为实际值,是在满足规定准确度时用来代替真值使用的值。

(2) 标称值

标称值是指计量或测量器具上标注的量值。如标准砝码上标出的重量。标称值不一定等于它的实际值,故在给出标称值的同时应给出它的误差范围或精度等级。

（3）示值

由测量器具指示或提供的被测量的值称为测量器具的指示值,简称示值。

（4）测量结果

由测量所得的测量值称为测量结果。在测量结果的表述中,还应包括测量不确定度和有关影响量的值。注意示值与测量结果的概念有所不同。

2. 测量误差的分类

测量误差一般分为系统误差、随机误差和粗大误差三类。

（1）系统误差

在同一条件下,多次重复测量同一物理量时,误差的绝对值和符号都保持不变,或在测量条件改变时按一定规律变化的误差,称为系统误差。系统误差反映了测量值偏离真值的程度。

造成系统误差的原因有两个方面:① 测量仪表本身的误差;② 测量方法的误差。

按照其误差性质,系统误差可分为恒值系统误差和变值系统误差。其中恒值系统误差因为其误差大小和方向保持不变,在误差处理中可进行修正;变值系统误差因为其误差大小和方向会发生变化,所以不容易确定,在误差估计时将其归结为系统不确定度。

系统误差的消除途径主要有两种:① 从产生系统误差的来源上考虑;② 利用特殊的测量方法消除系统误差,如交换法、代替法、对称测量法与补偿法等。

（2）随机误差

在相同条件下多次重复测量同一量时,误差的大小和符号受偶然因素的影响均发生变化,而且没有一定规律的误差,称为随机误差。它反映了测量值离散性的大小。

随机误差是测量过程中许多独立的、微小的、偶然的因素引起的综合结果。造成随机误差的原因与系统误差相同,但不同的是产生随机误差的因素都是互不相关、彼此独立的。例如温度变化、电磁场的微变、空气扰动甚至测试人员的感官变化等都能引起随机误差。

随机误差不可能修正,但在了解其统计规律性之后,可以控制和减少它们对测量结果的影响。

（3）粗大误差

明显扭曲了测量结果的异常误差称为粗大误差。粗大误差主要是由于某种不正常的原因造成的,在数据处理时,应该从测量数据中剔除含有粗大误差的数据。

在实际测量中,三种误差同时存在,但各自对测量的影响不尽相同,不可混淆。

3. 测量误差的表示

测量误差一般有三种表示方法。

（1）绝对误差

由测量所得到的被测量的值 A_x 与其真值 A_0 之差,称为绝对误差,即

$$\Delta = A_x - A_0 \tag{1-2}$$

绝对误差是有大小、正负及量纲的物理量。

式(1-2)中的真值 A_0 是一个理想的概念,一般来说是无法得到的,所以实际应用中通常用十分接近被测量真值的实际值 A(也称为约定真值)来代替真值 A_0。因而绝对误差更有实际意义的定义写为:

$$\Delta = A_x - A \qquad (1-3)$$

绝对误差表明了被测量的测量值与实际值的偏离程度和方向。

(2) 相对误差

被测量的绝对误差 Δ 与其真值 A_0 比值的百分比称为相对误差,即

$$\delta = \frac{\Delta}{A_0} \times 100\% \qquad (1-4)$$

在实际测量中,通常用被测量的实际值 A 来代替真值 A_0,因而实际相对误差的计算式又可以表示为

$$\delta_A = \frac{\Delta}{A} \times 100\% \qquad (1-5)$$

相对误差只有大小,没有单位。

由于相对误差给出了测量误差的清晰概念,便于对不同测量结果的误差进行比较,所以是误差计算中最常用的一种表示方法。

(3) 引用误差

测量的绝对误差 Δ 与仪表测量范围上限 A_m 比值的百分比称为引用误差,也称满度相对误差,即

$$\delta_F = \frac{\Delta}{A_m} \times 100\% \qquad (1-6)$$

引用误差是为评价测量仪表精确度等级而引入的,用以客观公正地反映测量仪表的精确度高低。

实际测量中,由于各电工仪表各指示(刻度)值在大小、正负上常存在差异,故用仪表的最大绝对误差 Δ_m 与仪表测量范围上限 A_m 比值的百分比(称为最大引用误差)来评价仪表性能,即仪表的准确度等级 K,即

$$\pm K\% = \frac{\Delta_m}{A_m} \times 100\% \qquad (1-7)$$

最大引用误差越小,则仪表的准确度越高。电工指示仪表的准确度等级一般分为七级,它们所表示的基本误差见表1-1。

表 1-1　仪表的基本误差

准确度等级	0.1	0.2	0.5	1.0	1.5	2.5	5.0
基本误差/%	±0.1	±0.2	±0.5	±1.0	±1.5	±2.5	±5.0

各仪表在正常工作条件下使用时,它的基本误差都不应超过表1-1中的规定。

综上所述,电工仪表在测量中可能产生的最大绝对误差为:

$$\Delta_{m} = A_{m}K\%$$ (1-8)

最大相对误差为:

$$\delta_{m} = \frac{\Delta_{m}}{A_{0}} \times 100\%$$ (1-9)

4. 减少测量误差的方法

减少测量误差必须从测量方案的选择、测量仪表的选择与各种不同测量误差的减少和消除三方面讨论。

（1）测量方案的选择

根据测试对象的特点和测试环境指标,把握整体测试要求,选择合适的测量方案,减少中间环节引起的传递误差,采用必要的隔离或屏蔽措施等,都可以减少测量误差。

（2）测量仪表的选择

在实际测量中,测量仪表的选择和使用是否得当,直接关系到测量结果的可靠性。因此,我们在选择和使用仪表时,必须注意以下几点:

① 要考虑测量仪表工作条件

在选择仪表时,一定要避免片面追求"准确度越高越好"。因为仪表的准确度越高,对工作条件的要求也越苛刻,一旦测试环境不符合要求,引起的附加误差将会超出仪表的准确度等级,测量结果反而不准确。

② 要正确选择测量仪表的量程范围

在选用仪表时,应当根据测量值来选择仪表的量程。尽量使测量的示值在仪表量程的2/3 以上的一段。

③ 要正确使用测量仪表

在实际测量时,要注意正确使用和操作测量仪表,减少由于使用或操作不当引起的误差,如测量前的校正等。

④ 要注意测量仪表的校验和维护

测量仪表经长期工作后,其准确度会发生变化,因此,要根据计量部门的规定,定期对测量仪表进行校验和维修,以保证其正常使用。

（3）各种不同测量误差的减少和消除

① 系统误差的减少和消除

系统误差的减少和消除方法有:从产生误差根源上消除;用修正方法消除恒值系统误差;采用一些专门的测量技术和测量方法。典型测量方法有以下几种:替代法消除恒值系统误差;交换法消除恒值系统误差;对称测量法(交叉读数法)消除线性系统误差;半周期测量法消除周期性系统误差。

② 随机误差的减少和消除

随机误差是一种大小和符号都不确定的误差。这种误差主要是由于周围环境的偶发原因引起的。随机误差不可能在一次测量中加以消除,必须用多次测量求平均值来减少或消除。测量次数越多,测量结果的算术平均值越接近于实际值,随机误差就越小。

③ 粗大误差的消除

粗大误差一种严重歪曲测量结果的误差,它是由于测量者在测量过程中的粗心和疏忽造成的。如读数错误或记录错误等。这样的测量结果是不可取的。消除粗大误差的根本方法是加强测试人员的责任感,倡导认真负责和一丝不苟的工作精神。对由于疏失获取的测量结果,必须一律剔除。

1.2.3　测量数据的合成处理

1. 测量数据读取

(1) 近似数及舍入规则

在电子测量中,多次测量的测量结果,都是近似值,存在误差,因为它只接近实际值而不等于实际值。所以,在计算和表示中,存在近似值的舍入问题。

测量中的舍入规则如下:若保留 N 位有效数字,则 N 位以后的数字,若大于保留数字末位单位的一半,则舍去的同时第 N 位加1;若小于保留数字末位单位的一半,则舍去的同时第 N 位不变;若等于保留数字末位单位的一半,如第 N 位原为奇数则加1变为偶数,原为偶数则不变。上述规则可归纳为"四舍六入五取偶"。

之所以采用取偶法则,首先是因为偶数常能被除尽,可以减少测量计算上的误差,其次由于按此法舍入时,当被加数的个数很多时,正负舍入误差出现的机会相等,所以在总和中,舍入误差将被抵消。

例如,将下列数据舍入到小数第二位。

12.4344→12.43	63.73501→63.74	0.69499→0.69
25.3250→25.32	17.6955→17.70	123.115→123.12

由上可知,每个数据经过舍入后除末位数外均可靠,末位数误差不大于0.5(以舍入后数字的末位为单位),此0.5即为舍入误差的极限误差。

(2) 测量数据近似运算规则

测量数据近似计算后所需保留的位数原则上取决于各数中准确度最差的那一项。

① 加减规则:以小数点后位数最少的为准(各项无小数点则以有效位数最少者为准),其余各数可多取一位。例如12.1,0.066和2.357三个数相加时,计算结果只能保留小数点后一位(与小数点后位数最少的数12.1位数相同),即应写为 $12.1+0.07+2.36=14.4$。在计算过程中,小数点后位数较多的0.066和2.357两个数被化整后保留的小数点后面的位数,应比小数点后位数最少的数12.1多保留一位小数,以减少计算误差。保留过多位数并无意义。

② 乘除规则:以有效数字位数最少的数为准,其余参与运算的数字及结果中的有效数字位数与之相等或多保留一位有效数字。如12.5和0.065两个数相乘时,应以0.065为标准来进行化整,即 $0.065×12.5=0.81$。化整更多的位数没有必要,而且容易引起误解(精度较高)。

还要注意,当近似数的第一位是8或9时,由于计算结果很可能会产生进位,所以有效数字位数应当多计一位。例如23.5和96相乘时,23.5不应再化整。

2. 有效数字及其处理

测量结果都是包含误差的近似数据,在其记录、计算时应以测量可能达到的精度为依据来确定数据的位数和取位。如果参加计算的数据位数偏少,就会损害测量结果的精度;如果位数偏多,则易使人误认为测量精度很高并增加不必要的计算工作量。因此需要提出有效数字的概念。

(1) 有效数字

在测试中,通常把直读获得的准确数字叫做可靠数字;把通过估读得到的那部分数字叫做存疑数字,存疑数字超过一位便没有意义,不予读取记录。所以通常在分析工作中实际能够测量到的数字,其测量结果的最后一位是估计的、不确定的数字(存疑数字)。所以,对一个数据取其可靠位数的全部数字加上第一位存疑数字,可以有效地表示测量结果。据此,我们可以得到,有效数字是指在测量结果中,从最左端一位非零数字起,到最末一位数的所有数字。

(2) 有效数字的特点

有效数字具有以下特点:

① 有效数字中只应保留一位欠准数字,因此在记录测量数据时,只有最后一位有效数字是存疑数字。

② 在存疑数字中,要特别注意零的情况。零在非零数字之间与末尾时均为有效数字;在小数点前或小数点后均不为有效数字。如 0.078 和 0.78 与小数点无关,均为两位有效数字。206 与 920 均为三位有效数字。

③ π 等具有无限位数的常数,其有效数字也是无限的,在运算时可根据需要取适当的位数。

④ 实验记录有效数字的位数与小数点无关。如 12.5 与 13.0 都是三位有效数字。

⑤ 由于有效数字的位数代表读数的准确程度,故记录时不能任意改动位数。如1.36 kW,是三位有效数字,可以写成 $1.36×10^3$ W,但是不能写成 1 360 W(四位有效数字)。

⑥ 误差的记录一般只取用一位有效数字,最多不能超过两位有效数字。

(3) 测量结果有效数字位数的确定

测量结果(或读数)的有效位数应由测量系统的不确定度来确定,即测量结果的最后一位应与不确定度的位数对齐。

例如,某次测量中,被测量的估计值为 56.23,且已知该测量系统的不确定度为 $u=0.3$,则根据上述原则,该测量结果的有效位数应保留到小数点后一位,即 56.2。

3. 测量结果的表示

在任何一个完整的测量工作完成时,都必须给出测量结果。完整的测量结果应包含以下两点信息:

(1) 被测量的最佳估计值(通常是多次测量的算术平均值或由函数式计算得到的输出量的估计值)。

(2) 测量不确定度(说明该测量结果的分散性或测量结果所在的具有一定概率的统计包含区间)。

设被测量 Y 的估计值为 y（一般为多次测量的算术平均值），估计值所含的已定系统误差分量为 ε_y，估计值的不确定度为 u，则被测量 Y 的测量结果可表示为：

$$Y = y - \varepsilon_y \pm u \tag{1-10}$$

或

$$y - \varepsilon_y - u \leqslant Y \leqslant y - \varepsilon_y + u \tag{1-11}$$

若已定系统误差分量 $\varepsilon_y = 0$，及测量结果估计值 y 不再含有可修正的系统误差（仅含有不确定度 u），则测量结果可表示为：

$$Y = y \pm u \quad \text{或} \quad y - u \leqslant Y \leqslant y + u \tag{1-12}$$

还需注意的是，在以上（1-12）的两种形式表示测量结果时，应指明置信系数 k 的大小或测量结果的概率分布。

如：$Y = y \pm U(k = 2)$。其中 Y 是被测量的测量结果，y 是被测量的最佳估计值，U 是测量结果的扩展不确定度，k 是置信系数，$k = 2$ 说明测量结果在 $y \pm U$ 区间内的概率约为 95%。

在进行测量结果表示时，还需注意：

① 无论采用何种方式，测量单位只能出现一次，并列于最后。

② 在十进制计数单位中，测量估计值 y 的有效数字位数应与相应的不确定度的大小相适应。

③ 对于单次测量，只能根据之前的误差分析或实验统计、技术资料或仪器说明书等确定本次测量的各种可能出现的误差。

1.3　安全用电常识

1.3.1　触电原因及其防护

人体电阻一般为 $10^4 \sim 10^5\ \Omega$，当人体上加有电压时，就会有电流通过人体，当通过人体的电流很小时，人是没有感知的；当通过人体的电流稍大，人就会有"麻电"的感觉；当电流达到 $100\ \text{mA}$ 时，在很短时间内人就会窒息、血液循环中断、心跳停止。所以当加在人体上的电压大到一定数值时，就会发生触电事故，对人身造成伤害。

通常情况下，低于 $36\ \text{V}$ 的电压对人是安全的，称为安全电压。

照明用电的火线与零线之间的电压是 $220\ \text{V}$，人不能同时接触火线与零线。零线是接地的，所以火线与大地之间的电压也是 $220\ \text{V}$，一定不能在与大地连通的情况下接触火线。

1. 触电原因

（1）家庭电路中的触电：人接触了火线与零线或火线与大地。

（a）人误与火线接触

① 火线的绝缘皮破坏，其裸露处直接接触了人体，或接触了其他导体，间接接触了人体。

② 潮湿的空气导电、不纯的水导电——湿手接触开关或浴室触电。

③ 电器外壳未按要求接地，其内部火线外皮破坏接触了外壳。

④ 零线与前面接地部分断开以后,与电器连接的原零线部分通过电器与火线连通转化成了火线。

(b) 人自以为与大地绝缘却实际与地连通

① 人站在绝缘物体上,却用手扶墙或其他接地导体或站在地上的人扶他。

② 人站在木桌、木椅上,而木桌、木椅却因潮湿等原因转化成为导体。

(2) 实验或工作中触电原因

(a) 没有保护接地。

(b) 线路架设不合规格。

(c) 用电设备不合规格。

① 电器、开关等受潮或内部绝缘老化、损坏而漏电,外壳又未加可靠的保护接地线或接地线太短、接触不良,不能起到保护作用。

② 用电设备接线不合理。如将照明电路的开关、熔断器安装在零线上,使灯具随时带电;或将三相插座的上孔与左孔相接,称为两相,使零线起不到保护作用。

③ 违反布线规程,在室内乱拉线。

④ 更换保险丝时,随意加大规格,或随意用铜丝代替铝锡合金丝。

(d) 电气操作不严格

① 没有采取切实的保护措施或不熟悉电路就带电修理。

② 停电检修电路,闸刀上未挂"警告牌"。

③ 对含有电器的线路,停电后未放电便动手检修,使电容器通过人体放电。

④ 未切断电源就去移动各种电器设备,若电器漏电就会造成触电。

⑤ 清洁时,用水冲洗铺设电线的地方和电器或用湿布擦拭,降低其绝缘性能,引起漏电,从而造成触电。

(3) 高压触电

高压带电体不但不能接触,而且不能靠近,高压触电有两种:

① 电弧触电:人与高压带电体距离小到一定值时,高压带电体与人体之间会发生放电现象,导致触电。

② 跨步电压触电:高压电线落在地面上时,在距高压线不同距离的点之间存在电压。人的两脚间存在足够大的电压时,就会发生跨步电压触电。

高压触电的危险比 220 V 电压的触电更危险,所以看到"高压危险"的标志时,一定不能靠近它。室外天线必须远离高压线,不能在高压线附近放风筝、捉蜻蜓、爬电线杆等等。

2. 触电防护方法

(1) 避免家庭电路中触电的注意事项

① 开关接在火线上,避免打开开关时使零线与接地点断开。

② 安装螺口灯的灯口时,火线接中心、零线接外皮。

③ 室内电线不要与其他金属导体接触,不在电线上晾衣物、挂物品。电线老化或破损时,要及时修复。

④ 电器该接地的地方一定要按要求接地。

⑤ 不用湿手扳开关、换灯泡,插、拔插头。

⑥ 不站在潮湿的桌椅上接触火线。

⑦ 接触电线前,应先把总电闸断开,在不得不带电操作时,要注意与地绝缘,先用测电笔检测接触处是否与火线连通,并尽可能单手操作。

(2) 避免实验或工作中触电的注意事项。

① 各种电器的金属外壳,必须加接良好的保护接地,并使保护接地电阻符合要求。

② 经常检查电器的绝缘电阻。若不符合要求,应立即停止使用。

③ 在配电箱等电源控制处的地面应垫上绝缘垫或干燥木板。

④ 室内线路必须采用良好的绝缘导线。

⑤ 熔丝、电线横截面必须符合规定的电路载流量的要求。

⑥ 各种用电设备的安装必须按照规定的高度和距离进行。

⑦ 电烙铁的电源线应用花线,不要用塑料软线,因塑料软线的绝缘层容易被烙铁烫坏。

1.3.2　触电急救措施

触电急救应争分夺秒。有资料表明,触电后 1 分钟之内实施急救措施者存活率为90%;触电 6 分钟后实施急救措施者存活率为 10%;触电 12 分钟后实施急救者存活率很低。所以触电后及时抢救非常重要。

触电急救应坚持迅速、就地、准确、坚持的原则。一经明确心跳、呼吸停止的,立即就地迅速用心肺复苏法进行抢救,并坚持不断地进行,及时与医疗部门联系,争取医务人员接替救治。在医务人员未接替救治前,不应放弃现场抢救,更不能只根据没有呼吸或脉搏擅自判定伤员死亡,放弃抢救。只有医生有权做出伤员死亡的诊断。

1. 触电现场抢救措施

发现有人触电,最关键、最首要的措施是使触电者尽快脱离电源,越快越好。因为电流作用的时间越长,伤害越重。

脱离电源即把触电者接触的那一部分带电设备的所有断路器(开关)、隔离开关(刀闸)或其他断路设备断开;或设法将触电者与带电设备脱离。在脱离电源过程中,救护人员也要注意保护自身的安全。

根据触电现场的不同情况,经常采用以下几种方法。

(1) 低压触电可采用下列方法使触电者脱离电源:

① 如果触电地点附近有电源开关或电源插座,可立即拉开开关或拔出插头,断开电源。

② 如果触电地点附近没有电源开关或电源插座,可用有绝缘柄的电工钳或有干燥木柄的斧头切断电线,断开电源。

③ 当电线搭落在触电者身上或压在身下时,可用干燥的衣服、手套、绳索、皮带、木板、木棒等绝缘物作为工具,拉开触电者或挑开电线,使触电者脱离电源。

④ 如果触电者的衣服是干燥的,又没有紧缠在身上,可以用一只手抓住他的衣服,拉离电源。

⑤ 若触电发生在低压带电的架空线路上或配电台架、进户线上,对可立即切断电源的,应迅速断开电源,救护者迅速登杆或登至可靠地方,并做好自身防触电、防坠落安全措施,用带有绝缘胶柄的钢丝钳、绝缘物体或干燥不导电物体等工具将触电者脱离电源。

（2）高压触电可采用下列方法之一使触电者脱离电源：

① 立即通知有关供电单位或用户停电。

② 戴上绝缘手套，穿上绝缘靴，用相应电压等级的绝缘工具按顺序拉开电源开关或熔断器。

③ 抛掷裸金属线使线路短路接地，迫使保护装置动作，断开电源。

2. 脱离电源后的抢救措施

当伤员脱离电源后，应立即检查伤员全身情况，特别是呼吸和心跳，发现呼吸、心跳停止时，应立即就地抢救。

（1）轻症，即神志清醒，呼吸心跳均存在者，伤员就地平卧，严密观察，暂时不要站立或走动，防止继发休克或心衰。

（2）呼吸停止，心搏存在者，就地平卧解松衣扣，通畅气道，立即人工呼吸，有条件的可气管插管，加压氧气人工呼吸。亦可针刺人中、十宣、涌泉等穴，或给予呼吸兴奋剂（如山梗菜碱、咖啡因、可拉明）。

（3）心搏停止，呼吸存在者，应立即做胸外心脏按压。

（4）呼吸心跳均停止者，则应在人工呼吸的同时做胸外心脏按压，以建立呼吸，恢复全身器官的氧供应。现场抢救最好能两人分别施行人工呼吸及胸外心脏按压，以1：5的比例进行，即人工呼吸1次，心脏按压5次。如现场抢救仅有1人，用15：2的比例做胸外心脏按压和人工呼吸，即先做胸外心脏按压15次，再人工呼吸2次，如此交替进行，抢救一定要坚持到底。

（5）处理电击伤时，应注意有无其他损伤。如触电后弹离电源或自高空跌下，常并发颅脑外伤、血气胸、内脏破裂、四肢和骨盆骨折等。如有外伤、灼伤均需同时处理。

（6）现场抢救中，不要随意移动伤员，若确需移动时，抢救中断时间不应超过30秒。移动伤员或将其送医院，除应使伤员平躺在担架上并在背部垫以平硬阔木板外，应继续抢救，心跳呼吸停止者要继续人工呼吸和胸外心脏按压，在医院医务人员未接替前救治不能中止。

第 2 章　常用仪器仪表及实验系统介绍

2.1　电流表、电压表与功率表的使用

电压表:内阻极大,在使用时,必须并接在被测电路的两端。使用一个电压表可测量多处电压。

电流表:内阻很小,在使用时,不能与负载或电源并联,必须串接在被测支路中。

功率表:测量环节实际上可分为两部分,即电流测量和电压测量。电流测量采用的是电流测量线圈,其使用方法和电流表一样,要求串联在被测支路中;而电压测量采用的是电压测量线圈,其使用方法和电压表一样,要求并联在被测支路中。

各种仪表使用时,必须注意其量程的选择。量程选大了将增加测量误差,选小了则可能损坏电表。在无法估计合适量程时,应采用从大到小的原则,先选择最高量程,然后根据测试结果适当改变至合适量程进行测量。通常仪表的量程应选在被测电量的 1.1 至 1.5 倍为宜。

功率表量程是由电流线圈的量程、电压线圈的量程及两者的乘积所决定的,但功率表一般不标功率的量程,只标电流和电压的量程。因此,在选用功率表时,要使功率表中电流线圈和电压线圈的量程均大于被测负载的最大电流和最大电压值。

交流电压表、电流表和直流电压表、电流表的使用方法基本一致,不同的是直流电压表、电流表在使用时,还应注意它们的极性不能接反,否则易损坏指针及电表。

电压表和电流表电流的读数方法:

$$实际读数 = \frac{使用量程}{刻度极限值} \times 仪表指示值$$

功率表的读数方法为:

$$实际读数 = \frac{电流线圈量程 \times 电压线圈量程}{刻度极限值} \times 仪表指示值$$

2.2　示波器

示波器是一种常用的电子测量仪器,它能直接观测和真实显示被测信号的波形。它不仅能观测电路的动态过程,还可以测量电信号的幅度、频率、周期、相位、脉冲宽度、上升和下降时间等参数。

2.2.1　DF4320 型双踪示波器

DF4320 型双踪示波器是 20 MHz 便携式双通道示波器。垂直灵敏度为 5 mV/div～

20 V/div,水平扫描速率为 0.1 μs/div ～ 0.2 s/div,并有×5 扩展功能,可将扫描速率扩展到 20 ns/div。该机的触发功能完善,有自动、常态、单次三种触发方式可供选择。此外该机还具有电视场同步功能,可获得稳定的电视场信号。

1. 技术指标

(1) 垂直系统

① 灵敏度:5 mV/div ～ 20V/div,按 1—2—5 顺序分 12 挡。

② 精度:±5%。

③ 微调范围:大于 2.5∶1。

④ 上升时间:小于 17.5 ns。

⑤ 频宽(−2 dB):DC−20 MHz。

⑥ 输入阻抗:1 MΩ(±2%),30 pF±5 pF。

⑦ 最大输入电压:400 V(DC＋AC peak)。

⑧ 工作方式:Y1,Y2,交替、断续、叠加。

(2) 触发系统

① 触发灵敏度:

内触发 DC—20 MHz　1.5 DIV,TV—signal　1.0 DIV;

外触发 DC—20 MHz　0.5 V,TV—signal　0.3 V。

② 自动方式下限频率:小于 20 Hz。

(3) 水平系统

① 扫描速度:0.1 μs/div—0.2 s/div 按 1—2—5 进位分 20 挡。

② 精度:±5%。

③ 微调范围:大于 2.5∶1。

④ 扫描速度:扩展×5,最快扫速 20 ns/div(±8%)。

(4) X—Y 方式

① 灵敏度:同垂直系统。

② 精度:±5%。

③ 频宽(−3 dB):DC:0−1 MHz;AC:10 Hz～1 MHz。

④ 相位差:小于 3°(DC＋AC peak)。

(5) CH1、CH2 输出

① 幅度:200 mV$_{P-P}$～ 5V$_{P-P}$。

② 频率范围:50 Hz ～ 5 MHz。

(6) 校正信号

① 波形:对称方波。

② 精度:幅度:0.5(±2%)。

③ 频率:1 kHz(±2%)。

(7) 示波管

① 有效工作面:8 div×10 div　1 div=1 cm。

② 发光颜色:绿色。

（8）电源

① 电压范围：110 V：99～121 V；220 V：198～242 V。

② 频率：48～62 Hz。

③ 功耗：40 W。

（9）物理特性

① 尺寸：327 mm×130 mm×377 mm（宽×高×深）。

② 重量：7.2 kg。

（10）使用环境

① 工作温度：0℃～40℃。

② 工作湿度：不大于 RH90%。

③ 大气压力：86 kPa ～ 104 kPa。

2. 操作说明

DF4320 双踪示波器前面板控制件位置如图 2－1 所示。

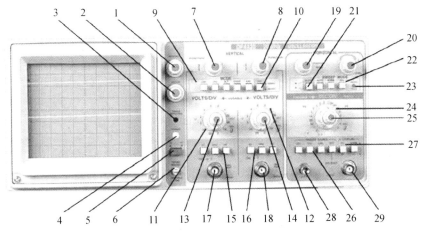

图 2－1　DF4320 双踪示波器前面板控制件位置

控制件的作用：

"1"—亮度（INTENSITY）：轨迹亮度调节。

"2"—聚焦（FOCUS）：轨迹清晰度调节。

"3"—轨迹旋转（TRACE ROTATION）：调节轨迹与水平刻度线平行。

"4"—电源指示（POWER INDICATOR）：电源接通时指示灯亮。

"5"—电源（POWER）：电源接通或关闭。

"6"—校正信号（PROBE ADJUST）：提供幅度为 0.5 V，频率为 1 kHz 的方波信号，用于调整探头的补偿和检测垂直和水平电路的基本功能。

"7/8"—垂直位移（VERTICAL POSITION）：调节轨迹在屏幕上的垂直位置。

"9"—垂直方式（VERTICAL MODE）：垂直通道的工作方式选择。

CH1 或 CH2：通道 1 或 2 单独显示；

ALT：两个通道交替显示；

CHOP：两个通道断续显示，用于在扫描速度较低时的双踪显示；

ADD：用于显示两个通道的代数和或差。

"10"—通道 2 极性（CH2 NORM/INVERT）：通道 2 极性转换，垂直方式工作时，"NORM"或"INVERT"可分别获得两个通道代数和或差。

"11/12"—电压衰减（VOLT/DIV）：垂直偏转灵敏度的调节。

"13/14"—垂直微调（VARIABLE）：用于连续调节垂直偏转灵敏度。

"15/16"—耦合方式（AC−GND−DC）：选择被测信号馈入垂直通道的耦合方式。

"17/18"—CH1 OR X，CH2 OR Y：被测信号的输入端口。

"19"—水平位移（HORIZONTAL POSITION）：用于调节轨迹在屏幕上的水平位置。

"20"—电平（LEVEL）：用于调节被测信号在某一电平触发扫描。

"21"—触发极性（SLOPE）：用于选择信号上升沿或下降沿触发扫描。

"22"—触发方式（SWEEP MODE）：

常态（NORM）：无触发信号时，屏幕上无轨迹显示，在被测信号频率较低时选用；

自动（AUTO）：信号频率在 20 Hz 以上时常用的一种工作方式；

单次（SINGLE）：只触发一次扫描，用于显示或拍摄非重复信号。

"23"—被触发或准备指示（TRIG′D REDAY）：在被触发扫描时指示灯亮；在单次扫描时，灯亮指示扫描电路在触发等待状态。

"24"—扫描速率（SEC/DIV）：用于调节扫描速度。

"25"—微调、扩展（VARIABLE PULL×5）：用于连续调节扫描速度，在旋钮拉出时，扫描速度被扩大 5 倍。

"26"—触发源（TRIGGER SOURCE）：用于选择产生触发的源信号。

"27"—触发耦合（COUPLING）：用于选择触发信号的源信号。

"28"—接地（⊥）：安全接地，可用于信号的连接。

"29"—外触发输入（EXT INPUT）：在选择外触发工作时触发信号插座。

3. 使用方法

（1）实验前示波器的调整与校正

在未开示波器电源之前，先将三个 POSITION 旋钮置中间位置，将 LEVEL 的旋钮置于中间位置，将 TRIGGER MODE 置于 AUTO；然后进行示波器的校正：

① 打开示波器电源大约 15 秒后，屏幕上会出现扫描亮线，如果没有看见任何东西，顺时针转动 INTENSITY，使光迹清晰可见。调整 FOCUS 使扫描线最细。并调整水平与垂直的位置（POSITION）使其达到合适的位置。

② 将示波器信号线一端插入 CH1 INPUT 端，再将信号线的红色夹子夹在示波器最左下角 CAL 0.5V 的方波输出端。

③ 将 CH1 的垂直灵敏度 VOLT/DIV 调至 0.1 V/DIV，再将 TRIGGER SOURCE 置于 CH1，调整 TIME/DIV，则此时屏幕上会出现一稳定的方形波形，检查该方波的振幅与周期是否为"0.5 V、1 kHz"。

④ 如果此时出现示波器光迹不完全水平的现象，则用螺丝刀调整 TRACE ROTATOR 直到光迹水平为止。然后将信号线移开，此时示波器可以进行测试。

（2）用示波器观测交流信号

① 将 CH1 作为单轨迹示波器操作

AC - GND - DC：置于 AC　　　　　　　　MODE：置于 CH 1

TRIGGER MODE：置于 AUTO　　　　　TRIGGER SOURCE：置于 CH1

② 用两根信号线，一根接 CH1 的输入端，另一根接函数发生器的输出端，并将两根信号线的红色夹子和黑色夹子分别相连，由函数发生器输入一个 1 kHz 的正弦波，将 TIME/DIV 及 VOLTS/DIV 置于适当的位置直到可以在屏幕上清楚地看到正弦波的完整波形。观测波形，记录 VOLT/DIV 与 TIME/DIV 所指示的刻度，计算峰-峰值电压（V_{P-P}）及其频率。

$$V_{P-P} = 峰-峰值电压的格数 \times 每一格所代表的电压（\text{VOLTS/DIV}）$$

$$\text{Time} = 一个周期的格数 \times 每格扫描所需的时间（\text{TIME/DIV}）$$

$$\text{Frequency（Hz）} = 1/\text{Time}$$

（3）用示波器观测直流信号

① AC - GND - DC 置于 AC 位置，此时信号只有 AC 部分会出现在屏幕上。

② AC - GND - DC 置于 GND，屏幕上会出现一直线光迹，即为零电位参考线。

③ 再将 AC - GND - DC 置于 DC，则波形会上移或下移，此时 DC 电压＝平移的格数×每格所代表的电压，如果往上移则极性为（＋），往下移则极性为（－）。

2.2.2　SDS1000L 型数字存储示波器

数字存储示波器与模拟示波器不同，它的 A/D 转换器把模拟波形转换成数字信号，然后存储在随机存取存储器（RAM）中；需要时将 RAM 中的存储内容调出，通过相应的 D/A 转换器再恢复为模拟量，显示在示波管的屏幕上。在此示波器中，信号处理功能和信号显示功能是分开的。其性能指标包括速度和精度，它完全取决于进行信号处理的 A/D、D/A 转换器和 AM 的情况。

数字存储示波器使用简单，可观测触发前的信号。用 X - Y 方式观测波形时，两通道间几乎没有相位差；观测极慢信号时无闪烁现象、准确度高；可以很方便地与数字接口相连，或与计算机组成自动测试系统。

1. 数字存储示波器的特点

（1）数字存储示波器利用 A/D 转换把被测模拟信号转换成数字信号，然后存入 RAM 中，需要显示时则将 RAM 中存储的内容调出，通过相应的 D/A 转换器恢复为模拟信号显示在屏幕上。这种示波器不仅可用于记录、观察波形，而且可将获得的信息作进一步的数据处理。在有突发性异常情况时，为便于分析产生的原因，用它记录下异常情况发生前的波形数据是很方便的。对于数字存储示波器来说，观察非重复信号的带宽比观察连续信号时要低。

（2）数字存储示波器中应用了微处理器，使波形测量的精确度得到提高。使用者可以在屏幕上利用移动光标的方法测量时间和幅度，并且直接读出测量结果，省去了繁琐的数格和考虑比例因子的工作。

（3）数字存储示波器具有把波形"冻结"供以后进行详细分析的能力。一般说来,这一特性可用来研究变化缓慢的信号、随机信号及非重复信号。在数字存储示波器问世以前,屏幕照相是"冻结"波形所采用的主要方法。另外,采用记忆示波管构成的记忆示波器也可以达到这一目的。

（4）数字存储示波器在捕捉波形方面具有较大的优势。它能对波形进行密集的采样,采样值被数字化并被存储,然后从存储器中取出,并把重建的波形用清晰、均匀一致的轨迹重现在屏幕上。

（5）数字存储示波器也有它的局限性,其中之一是大多数数字存储示波器使用等效时间采样来达到最大存储带宽。由于数字存储示波器的采样密度可以超过重复触发脉冲,因此对连续波形来说是可行的。但对瞬时脉冲的存储来说,实时采样速率便成为一个限制因素。由于采样速率的限制,使得数字示波器不能用于较高的频率范围。如果需用 10 MHz 以上的带宽对瞬时信号进行细致观察的话,采用记忆示波器要更好一些。

（6）在数字存储示波器中,还有一个触发间隔（即不工作区）问题。捕捉信号需要时间（包括采样时间和转换时间）,还有一些附加时间（包括存储波形、处理波形、取出波形进行显示等的时间）。当数字存储示波器进行上述工作时它便停止了波形的采集,实时波形的变化和干扰就可能丢失。

（7）较好的数字存储示波器都带有 IEEE488 接口,使示波器可广泛地用于自动测量和波形分析。对这种可通过总线编程的示波器,使用专用的仪器控制器或通用的微型计算机可对其面板操作及内部功能进行自动控制。此外,还可把存储在示波器中的波形数据保存在外部存储器中,或进行全面的脉冲参数分析及傅里叶变换。

总之,与通用的模拟示波器相比较,数字存储示波器有以下优点:

① 具有存储触发前信息的功能。用数字存储示波器的预触发功能（负延迟功能）能观测触发前的信号,因而可捕获和显示故障发生前的信号,便于故障检测。

② 可长久保存波形,在观察缓慢信号时无闪烁现象。因为数字存储示波器采用了 RAM,可以慢速写入,快速读出,所以无闪烁。有的示波器有备用电池,在切断外部电源后仍能保存数据。

③ 数据输出可加至数据采集系统,用快速傅里叶变换进行处理。

④ 可将已存储的波形与实时波形同时显示,以便进行比较。

⑤ 精确度高。数字存储示波器采用光标测量时,能减少输入放大器和示波管非线性度影响,可以获得较高的精确度。

2. SDS1000CML 数字存储示波器的功能及使用

SDS1000CML 数字存储示波器体积小巧、操作灵活;7 寸宽屏彩色 TFT－LCD 显示及弹出式菜单显示使它方便易用,大大提高了用户的工作效率。实时采样率最高达 1GSa/s 、存储深度最高为 2Mpts,完全满足捕捉速度快、复杂信号的市场需求。此外,该系列示波器性能优异、功能强大、价格实惠,具有较高的性价比,并支持 USB 设备存储,用户可通过 U 盘对软件进行升级,最大程度地满足了用户的需求;所有型号产品都支持 PictBridge 直接打印,满足最广泛的打印需求。

（1）主要技术指标

① 信号获取系统

采样方式：实时采样、随机采样。

存储深度：

表 2 - 1　存储深度指标

通道模式	采样率	普通存储	深存储
单通道	1 GSa/s	40 kpts	不支持
单通道	500 MSa/s 或更低	20 kpts	2 Mpts
双通道	500 MSa/s 或更低	20 kpts	1 Mpts

获取状态：采样、峰值检测和平均值。

平均次数：4,16,32,64,128,256。

② 输入

输入耦合：直流、交流或接地。

输入阻抗：1 MΩ（±2%）|| 16 Pf±3 Pf,50Ω（±2%）。

最大输入电压：400 V（DC＋AC 峰值,1 MΩ 输入阻抗）CAT I。

探头衰减：1X、10X。

探头衰减系数设定：1X、5X 、10X、50X 、100X 、500X 、1 000X。

③ 垂直系统

垂直灵敏度：2 mV/div—10 V/div（1—2—5 顺序）。

垂直分辨率：8 bit,2 个波道同时取样。

模拟带宽：70 MHz 、100 MHz 、150 MHz。

低频响应（交流耦合,－3 dB）：在 BNC 上,小于或等于 10 Hz。

上升时间：＜ 5 ns、＜ 3.5 ns、＜ 2.3 ns。

数学运算：＋，－，＊ ,/，FFT 。

带宽限制：20 MHz（－3 dB）。

④ 水平控制

实时采样率：50 ns/div 以下单通道 1 GSa/s,双通道 500 MSa/s。

显示模式：MAIN, WINDOW,WINDOW ZOOM, SCAN,X - Y。

时基精度：±50 ppm（在任何大于 1 ms 的时间间隔）。

水平扫描范围：2.5 ns/div～50 s/div;

　　　　　　　Scan：100 ms/div～50 s/div（1—2.5—5 顺序）。

⑤ 触发系统

触发类型：边沿、脉宽、视频、斜率、交替。

触发信源：CH1、CH2、EXT、EXT/5、AC Line。

触发模式：自动、正常、单次。

触发耦合：直流、交流、低频抑制、高频抑制。

触发电平范围：CH1、CH2 距离屏幕中心 6 格。

　　　　　　　EXT：±1.2 V;EXT/5：±6 V。

触发位移:预触发:存储深度/(2 * 采样率));延迟触发:271.04 div。

释抑范围:100 ns～1.5 s。

边沿触发:边沿类型:上升、下降、上升 & 下降。

脉宽触发:触发模式:(大于、小于、等于)正脉宽;(大于、小于、等于)负脉宽。

　　　　　脉冲宽度范围:20 ns～10 s。

视频触发:支持信号制式:PAL/SECAM、NTSC;

　　　　　触发条件:奇数场、偶数场、所有行、指定行。

斜率触发:(大于、等于、小于)正斜率;(大于、等于、小于)负斜率。

　　　　　时间设置:20 ns～10 s。

交替触发:CH1/ CH2 触发类型:边沿、脉宽、视频、斜率。

⑥ X - Y 模式

X-轴/Y-轴输入:通道 1/通道 2。

采样频率:XY 方式突破了传统低端示波器局限在 1 MSa/s 采样率的限制,支持 25 kSa/s～250 MSa/s 采样率(1—2.5—5 顺序)可调。

⑦ 测量系统

自动测量(32 种):最大值、最小值、峰峰值、幅值、顶端值、底端值、周期平均值、平均值、周期均方根、均方根、上升过激、下降过激、上升前激、下降前激、上升时间、下降时间、频率、周期、脉宽、正脉宽、负脉宽、正占空比、负占空比、相位、FRR、FRF、FFR、FFF、LRR、LRF、LFR、LFF 光标测量。手动、追踪、自动三种光标测量方式。

⑧ 控制面板功能

自动设定:自动设置功能可自动调整垂直系统、水平系统以及触发位置。

存储/调出:提供 2 组参考波形,20 组设置、20 组波形之内部储存/调出功能;外部 U 盘存储功能。

(2)面板结构

SDS1000CML 数字存储示波器前面板结构如图 2-2 所示。按功能可分为显示区、垂直控制区、水平控制区、触发区、功能区 5 个部分。另有 5 个菜单按钮、3 个输入连接端口。

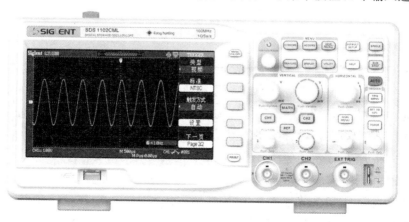

图 2 - 2　SDS1000L 型数字示波器前面板实物图

下面将分别介绍各部分的控制功能以及屏幕上显示的信息。

① 显示区

SDS1000CML 数字存储示波器显示屏幕为液晶显示。显示图像中除了波形外,还显示出许多有关波形和仪器控制设定值的细节,如图 2-3 所示(图中的标号与文中的标号对应)。

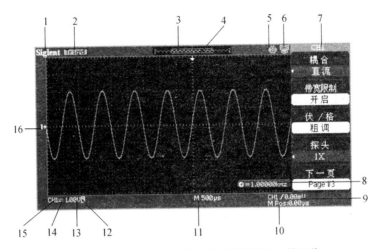

图 2-3　SDS1000CML 数字示波器屏幕显示的图像

"1"—产品商标:Siglent 为本公司注册商标。

"2"—运行状态:示波器可能的状态包括 Ready(准备)、Auto(自动)、Triq'd(触发)、Scan(扫描)、Stop(停止)。

"3"—波形存储器:显示当前屏幕中的波形在存储器中的位置。

"4"—触发位置:显示波形存储器和屏幕中波形的触发位置。

"5"—打印设置:显示打印设置菜单中【打印钮】的当前状态。

"6"—后 USB 接口:显示"后 USB 口"的当前设置。

"7"—通道选择:显示当前正在操作的功能通道名称。

"8"—频率显示:显示当前触发通道波形的频率值。UTILITY 菜单中的"频率计"设置为"开启"才能显示对应信号的频率值,否则不显示。

"9"—触发设置。

触发电平值:显示当前触发电平的位置。

触发类型:显示当前触发类型及触发条件设置,不同触发类型对应的标志不同。

"10"—触发位移:使用水平 POSITION 旋钮可修改该参数。向右旋转使箭头(初始位置为屏幕正中央)右移,触发位移值(初始值为 0)相应减小;向左旋转使箭头左移,触发位移值相应增大。按下该键使参数自动恢复为 0,且箭头回到屏幕正中央。

"11"—水平时基:表示屏幕水平轴上每格所代表的时间长度。使用 S/DIV 旋钮可修改该参数,可设置范围为 2.5 ns～50 s。

"12"—带宽限制:若当前带宽为开启,则显示 B 标志,否则,无任何标志显示。当电压挡位为 2 mV/div 时,带宽限制自动开启。

"13"—电压挡位:表示屏幕垂直轴上每格所代表的电压大小。使用 VOLTS/DIV 旋钮可修改该参数,可设置范围为 2 mV～10 V。

"14"—耦合方式:显示当前波形的耦合方式。示波器有直流、交流、接地三种耦合方式,且分别有相应的三种显示标志。

"15"—当前通道:显示当前正在操作的通道。可同时显示两通道标志。

"16"—触发电平标志:显示当前波形触发电平的位置所在。向左或向右旋转触发电平旋钮 LEVEL,此标志会相应地向下或向上移动。

② 垂直控制区

垂直控制区(如图 2-4 所示)可用来显示波形,调节垂直标尺和位置以及设定输入参数。

CH1、CH2:模拟输入通道。两个通道标签用不同颜色标识,且屏幕中波形颜色和输入通道连接器的颜色相对应。按下通道按键可打开相应通道及其菜单,连续按下两次可关闭该通道。

MATH:按下该键打开数学运算菜单,可进行加、减、乘、除、FFT 运算。

REF:按下该键可打开参考波形功能。可将实测波形与参考波形相比较,以判断电路故障。

POSITION:修改对应通道波形的垂直位移。顺时针转动增大位移,逆时针转动减小位移。修改过程中波形会上下移动,同时屏幕左下角弹出的位移信息相应变化。按下该按钮可快速复位垂直位移。

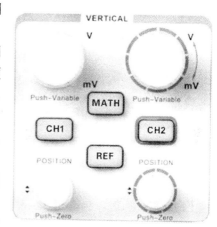

图 2-4 垂直控制实物图

VOLTS/DIV:修改当前通道的垂直挡位。顺时针转动减小挡位,逆时针转动增大挡位。修改过程中波形幅度会增大或减小,同时屏幕左下角的挡位信息会相应变化。按下该按钮可快速切换垂直挡位调节方式为"粗调"或"细调"。光标位置:调节光标或信号波形在垂直方向上的位置。

③ 水平控制区

水平控制区(如图 2-5 所示)可用来改善时基、水平位置及波形的水平放大。

HORIZ MENU:按下该键打开水平控制菜单。在此菜单下可开启或关闭延迟扫描功能,切换存储深度为"长存储"或"普通存储"。

POSITION(位置):修改触发位移。旋转旋钮时触发点相对于屏幕中心左右移动。修改过程中,所有通道的波形同时左右移动,屏幕左下角的触发位移信息也会相应变化。按下该按钮可快速复位波形的触发位移(或延迟扫描位移)。

SEC/DIV:修改水平时基挡位。顺时针旋转减小时基,逆时针旋转增大时基。修改过程中,所有通道的波形被扩展或压缩,同时屏幕下方的时基信息相应变化。按下该按钮可将波形快速

图 2-5 水平控制系统
实物图

切换至延迟扫描状态。

④ 触发控制（如图 2-6 所示）

TRIGGER MENU：按下该键打开触发功能菜单。本示波器提供边沿、脉冲、视频、斜率和交替五种触发类型。

SET LEVEL TO 50%：中点设定，按下该键可快速稳定波形。可自动将触发电平的位置设置为对应波形最大电压值和最小电压值间距的一半左右。

FORCE：在 Normal 和 Single 触发方式下，按该键可使通道波形强制触发。

LEVEL：修改触发电平。顺时针转动旋钮增大触发电平，逆时针转动减小触发电平。修改过程中，触发电平线上下移动，同时屏幕左下角的触发电平值相应变化。按下该按钮可快速将触发电平恢复至对应通道波形零点。

⑤ 功能菜单（如图 2-7 所示）

功能菜单中的功能按钮共有 6 个。

图 2-6　触发控制系统实物图

CURSOR：光标。按下该键进入光标测量菜单。示波器提供手动测量、追踪测量和自动测量三种光标测量模式。

在光标的功能表中包含以下各项：

设定类型：可选择电压或时间。"电压"用来测定两水平光标之间的电压值；"时间"用来测定两垂直光标之间的时间值或频率。

信源：即光标所指的信号源，如 CH1、CH2、MATH（数学值）、RefA（基准 A）、RefB（基准 B）。

相对值：表示两光标间的差值，并有显示。

游标 1：表示光标 1 的位置。

游标 2：表示光标 2 的位置（时间以触发位置为基准，电压以接地点为基准）。

图 2-7　功能菜单实物图

光标移动可用 POSITION（位置）或移动光标 1、光标 2 来改变相对值。但要注意，只有主光标功能表显示时，光标才能移动。

ACQUIRE：获取。按下该键进入采样设置菜单。可设置示波器的获取方式、内插方式和采样方式。

SAVE/RECALL：存储/调出。按下该键进入文件存储/调出界面。可存储/调出的文件类型包括设置存储、波形存储、图像存储和 CSV 存储，还可调出示波器出厂设置。

MEASURE：测量。按下该键进入测量设置菜单。包含的测试类别有电压测量、时间测量和延迟测量，每种测量菜单下又包含多种子测试，按下相应的子测试菜单即可显示当前测量值。

DISPLAY：显示。按下该键进入显示设置菜单。可设置波形显示类型、余辉时间、波形亮度、网格亮度、显示格式（XY/YT）、屏幕正反向、网格、菜单持续时间和界面方案。

UTILITY：辅助功能。按下该键进入系统功能设置菜单。设置系统相关功能和参数，例如扬声器、语言、接口等。此外，还支持一些高级功能，例如自校正、升级固件和通过测试等。

⑥ 其他控制按键

INTENSITY/ADJUST：万能旋钮。非菜单操作时，旋转该旋钮可调节波形的显示亮度，可调范围为 30%～100%。顺时针转动将增大波形亮度，逆时针转动将减小波形亮度。也可按"DISPLAY"，选择"波形亮度"菜单，然后使用该旋钮调节波形亮度。

该万能旋钮在菜单操作时，按下某个菜单软件后，若旋钮上方指示灯被点亮，则转动该旋钮可选择该菜单下的子菜单，按下该旋钮可选中当前选择的子菜单，且指示灯熄灭。另外，该旋钮还可用于修改参数值、输入文件名等。

AUTO：自动设定按键。按下该键开启波形自动显示功能。示波器将根据输入信号自动调整垂直挡位、水平时基以及触发方式，使波形以最佳方式显示。

RUN STOP：按下该键将示波器的运行状态设置为"运行"或"停止"。

"运行"状态下，该键黄灯被点亮；"停止"状态下，该键红灯被点亮。

SINGLE：单次触发按键。按下该键将示波器的触发方式设置为"单次"。单次触发设置检测到一次触发时采集一个波形，然后停止。

DEFAULT SETUP：默认设置按键。按下该键将进入系统默认的设置界面。系统默认设置下的电压挡位为 1 V，时基挡位为 500 μs。

HELP：帮助按键。按下改按键开启帮助信息功能。在此基础上依次按下各功能菜单键即可显示相应菜单的帮助信息。若要显示各功能菜单下子菜单的帮助信息，则需先打开当前菜单界面，然后按下 HELP 键，选中相应的子菜单键。再次按下该按键可关闭帮助信息功能。

PRINT：打印按键。按下该键将执行打印功能。若当前已连接打印机，并且打印机处于闲置状态，按下该键将执行打印功能。

（3）使用方法

① 仪器的检查与校准仪器的初始化按如下步骤执行：

步骤一：合上电源开关。

步骤二：按 UTILITY（功能）键，显示副菜单，选择中文菜单界面。

步骤三：连接探头到校准信号，并将校准信号连接到 CH1 连接器。

步骤四：按 AUTO（自动设置）键，观测波形（校准输出为 3 V、1 kHz 的方波信号）。

② 垂直部分、水平部分、触发部分旋钮的操作如下：

垂直部分：按 CH1 MENU（CH1 功能）钮，显示副菜单，设定耦合方式、带宽、探棒衰减；按 MATH MENU（数学值功能）钮，显示副菜单，选择数学值运算；使用 POSITION（位置）钮和伏/格钮，调节垂直标尺和位置。

水平部分：按 HORIZONTAL MENU（水平功能）钮，显示副菜单，选择主时基，触发或设定为电平，使用 POSITION（位置）钮和 SEC/DIV 钮，调节水平标尺和位置。

触发部分：按 TRIGGER MENU（触发功能）钮，显示副菜单，选择边沿触发，触发信源为 CH1，触发方式为自动；调节 LEVEL 钮，改变触发电平值（有显示），使波形稳定（出现图标 T TRIG'D)。

按获取、测量、光标、显示、存储/调出,了解副菜单显示的内容和操作。

③ 1 Hz 信号的测试

测试步骤如下:

步骤一:将 CH1 连接器接入信号源输出的 1 Hz 正弦信号(幅值任意,探头衰减 1×),并关闭 CH2。

步骤二:将 CH1 的垂直标尺设为 1 V/div,水平标尺设为 1 s/div,调节相关钮,观测波形。

结论:数字示波器可以连续更新慢速变化波形的轨迹,而模拟示波器只能显示慢速移动的光点。

④ 振幅快速变化信号的边沿测试

目的是了解数字示波器实时采样技术与模拟示波器在测量该信号时的差异。测试步骤如下:

步骤一:将 CH1 连接器接入信号源输出的 10 Hz 方波信号,关闭 CH2。

步骤二:将 CH1 垂直标度设为 1 V/div,水平标度设为 50 ns/div(或 25 ns/div)。

步骤三:按步骤一调节相关旋钮,使显示波形稳定。

步骤四:按"水平功能"钮,设定上升沿为视窗区域,并将视窗扩展,观测波形。

结论:数字示波器可以观测到脉冲信号的上升沿(或下降沿),能提供快速变化信号的有用信息。

⑤ 带毛刺信号的测试

目的是为了了解数字实时示波器的峰值检测功能。测试步骤如下:

步骤一:将 CH1 连接器接入信号源输出的 200 Hz 窄脉冲方波信号,关闭 CH2。

步骤二:将 CH1 的垂直标度设为 500 mV/div,水平标度设为 1 ms/div。

步骤三:按"触发功能"钮,在副菜单中选择边沿触发、斜率下降、自动触发方式,调节触发电平,使波形稳定显示。

步骤四:按 ACQUIRE(获取)钮,在副菜单中选择峰值检测,即可检测到毛刺。

步骤五:调节时基旋钮(将时基扩展),将毛刺展宽。

结论:数字示波器可以在峰值检测模式中捕获信号波形,该示波器可以测出窄至 10 ns 的毛刺。

⑥ 单次信号的捕捉

目的是了解数字实时示波器捕获瞬态信号的能力,熟悉单次信号捕捉的操作。测试步骤如下:

步骤一:将垂直标度设 500 mV/div,时基设为 5 ns/div,触发电平设为 1.5 V 左右。

步骤二:按"触发功能"钮,在副菜单触发方式中选择单次触发;按冻结键,进入预触发准备。

步骤三:将探头连接到单次信号上,按一下按键以生成单脉冲信号。

结论:实时采样数字示波器能在示波器的全带宽内精确地捕获单次信号。

2.3 信号发生器

2.3.1 SG1631C 函数信号发生器

SG1631C 函数信号发生器是六位数的琴键式改变频率的电源设备,它能产生 1 Hz～1 MHz 频率范围的低频信号,能输出正弦波、三角波、方波三种波形。

1. 主要技术特性

(1) 频率范围:1 Hz～1 MHz,分为六个频段。

第 Ⅰ 频段:1 Hz～10 Hz;

第 Ⅱ 频段:10 Hz～100 Hz;

第 Ⅲ 频段:100 Hz～1 kHz;

第 Ⅳ 频段:1 kHz～10 kHz;

第 Ⅴ 频段:10 kHz～100 kHz;

第 Ⅵ 频段:100 kHz～1 MHz。

(2) 输出波形:正弦波、三角波、方波。

(3) 输出幅度:$V \geqslant 20\ V_{p-p}$(50 Ω 负载跌落 $\leqslant 5\%$)。

(4) 显示:六位 LED 显示。

(5) 衰减:总衰减量为 50 dB,以 10 dB 为步进量。

2. 面板布置及说明

SG1631C 函数信号发生器面板布置如图 2-8 所示。

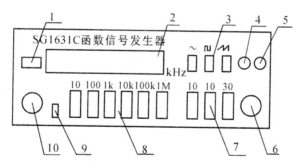

图 2-8 SG1631C 函数信号发生器面板示意图

(1) 电源开关

(2) LED 频率显示:六位显示,单位 kHz。

(3) 波形选择开关:有正弦波、三角波、方波三种输出。

(4) 频率微调旋钮:在选定的频率段内调节输出信号的频率。

(5) 幅度调节旋钮:调节输出信号的幅度。

(6) 输出端口:输出信号。

(7) 衰减开关:选择输出信号的衰减倍数。

(8) 频率选择开关:共有六挡:10 Hz、100 Hz、1 kHz、10 kHz、100 kHz、1 MHz。

（9）测试开关：拨向内测时，输出信号。拨向外测时，可从输入端测量外部输入的信号频率。

（10）输入端口：由外界输入被测信号。

3. 使用过程的注意事项

信号发生器在使用时必须注意：输出信号端口的两个输出线不得短路，否则会烧毁仪器。应先接好电路，检查无误后再接通电源。

2.3.2　SG1641A 函数信号发生器

SG1641A 函数信号发生器，是宽频带多用途信号发生器，它能产生正弦波、三角波、方波、正/负向脉冲波、正/负向锯齿波等七种波形以及 TTL 电平的方波同步信号，其中正/负向脉冲波、正/负向锯齿波占空比均连续可调；并且具有 1 000∶1 的电压控制频率（VCF）特性和直流偏置能力，输出波形的频率用六位数字 LED 直接显示，且频率计能外测使用。

1. 主要技术指标

（1）波形

正弦波、三角波、方波、正脉冲波、负脉冲波、正向斜波、负向斜波（斜波亦即锯齿波）、TTL 方波。

（2）频率范围

0.02 Hz～2 MHz 分七挡并连续可调，数字 LED 直接读出。

（3）正弦波

失真度：10 Hz～100 kHz，＜1%；100 kHz～200 kHz，＜2%。

幅频特性：0.02 Hz～100 kHz，±5%；100 kHz～2 MHz，±10%。

（4）方波

前沿：＜100 ns；

对称改变率：80∶20～20∶80（配合频率旋钮）。

（5）TTL 电平

电平：高电平大于 2.4 V，低电平小于 0.4 V，上升时间：Tr＜40 μs。

（6）输出

阻抗：50 Ω±10%；

幅度：20 V_{p-p}（开路），10 V_{p-p}（50 Ω）；

衰减：20 dB、40 dB、60 dB（叠加）；f＜200 kHz，±0.5 dB。

（7）直流偏置：0～±10 V 连续可调（开路）。

（8）频率计

测量范围：1 Hz～10 MHz；

输入阻抗：不小于 1 MΩ/20 pF；

灵敏度：50 mV；

分辨率：100 Hz、10 Hz、1 Hz、0.1 Hz 四挡。

最大输入：150 V（AC＋DC）（带衰减）；

输入衰减：20 dB；

测量误差：＜3×10^{-5}±10% DC 反相；

最大压控比:100∶1。

(9) 电源

电压:220 V,±10%;

频率:50±2 Hz;

功率:10 W。

(10) 环境条件

温度:0℃～40℃;

湿度:不大于 RH90%;

大气压:100±4 kPa。

2. SG1641A 型函数信号发生器

面板示意图及各部分说明如图 2-9、表 2-2 所示。

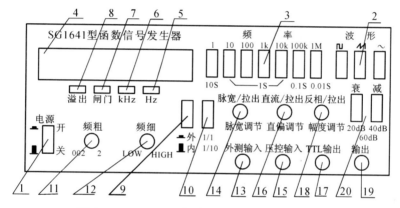

图 2-9　SG1641A 型函数信号发生器面板示意图

表 2-2　SG1641A 型函数信号发生器面板标示说明

序号	面板标示	名　称	作　用
1	电源	电源开关	按下开关则接通 AC 电源,同时频率计显示。
2	波形	波形选择按键	按下三只按键的任一只,输出其相对应波形,如果三个按键均未按下则无信号输出,此时可精确地设定直流电平。
3	1～1 M 10 s～0.01 s	频率范围按键 及频率计闸门	(1) 选择所需频率范围按下其对应按键,频率计 LED 显示的数值即为主信号发生器的输出频率。 (2) 当外测频率时可按下相对应闸门时基确定频率速度及显示频率的分辨率。
4	数字 LED	计频率显示用 LED	所有内部产生频率或外测时的频率均由 6 个 LED 显示。
5	Hz	赫兹,指示频率单位	当按下 1k、10k、100k 频率范围任一挡按键时,则此时 Hz 灯亮。
6	kHz	千赫兹,指示频率单位	当按下 1k、10k、100k 频率范围任一挡按键时,则此时 Hz 灯亮。
7	闸门	闸门时指示灯	此灯闪烁代表频率计正在工作。
8	溢出	频率溢位显示灯	当频率超过六位 LED 显示范围时,溢出灯即亮。

续表

序号	面板标示	名　称	作　用
9	内外	内外测频率按键	将此开关按下,可测外接信号频率;不按时,则作为内部频率计使用。
10	1/10、1/1	外测频率输入衰减器	当外测信号幅度大于 10 V 时,请将此按键按下,以确保频率计性能稳定。
11	频粗	频率微调旋钮	此旋钮可以从设定的频率范围内,选择所需频率,直接从 LED 读出。
12	频细	频率微调旋钮	此旋钮有利于选择较精确的频率,它的频率变化范围仅为频粗的五分之一。
13	外测输入	外测频率输入端	外测信号频率由此输入,其输入阻抗为 1 Ω(最大输入 150 V,最高频率 10 MHz)。
14	脉宽/拉出脉宽调节	斜波、脉冲波调节旋钮	拉出此旋钮可改变输出波形对称性,产生斜波、脉冲波,且占空比可调。将此旋钮拉下则为对称波形。
15	压控输入	VCF 输入端	外加电压控制频率的输入端(0～5 V DC)。
16	直流拉出直流调节	直流偏置调节旋钮	拉出此旋钮可设定任何波形的直流工作点,顺时针为正工作点,逆时针为负工作点,将此旋钮拉下则直流电位为零。
17	TTL 输出	TTL 输出插座	根植出 E 幅巨调节旋钮。
18	反相拉出幅度调节	幅度调节旋钮及反相开关	(1) 调整输出波形振幅的大小,顺时针转至底为最大输出,反之有 20 dB 衰减率量。 (2) 将此开关拉出,则斜波、脉冲波反相。
19	输出	输出端	输出波形由此端输出,其输出阻抗为 50 Ω。
20	20 dB、40 dB、60 dB	输出衰减开关	按下其中一只,输出信号有 20 dB 或 40 dB 的衰减量,两只同时按下有 60 dB 的衰减量。

2.3.3　SG1408 型数字合成/任意波信号发生器

SG1408 系列数字合成/任意波信号发生器采用直接数字频率合成技术,内部含有波形产生通道,具有函数波形发生、高速调制、多功能频率扫描和猝发功能。

1. SG1408 型信号发生器前面板结构

SG1408 信号发生器前面板如图 2-10 所示。

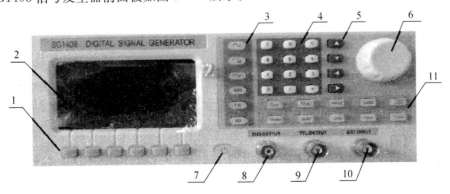

图 2-10　SG1408 信号发生器前面板

各面板开关作用如下:

"1"—软键:屏幕下方整齐地排列着六个按键,它们是对应特定的屏幕显示而产生特定功能的按键。如开机后屏幕出现主界面时,它们的功能分别对应屏幕的"波形"、"频率"、"幅度"、"直流偏置"的调整。

"2"—显示窗口:显示当前函数信号发生器输出波形的参数或所处的功能模式。

"3"—快捷键:方便快捷地进入某项功能设定或常用波形的快速输出。

"4"—数字键:在数字量设置状态下,当按下任意一个数字键时,屏幕会出现一个对话框,保存所输入的数字量,并且软键变为单位项,输入完成后可以通过单位键输入相应单位的数字量。

"5"—方向键:左、右键具有移动设置状态的光标和选择功能,上、下键可以对光标指示的数字进行"+1"或"-1"操作。

"6"—调节旋钮:可以快速地加、减光标所对应的数字量。

"7"—电源开关:此键按下时,机内电源接通,整机工作。

"8"—电压(波形)输出端:输出多种波形受控的函数信号,输出电压峰峰值为 10 V(50 Ω负载)。

"9"—TTL 输出端。

"10"—外测频输入端。

"11"—主功能键。

2. SG1408 型信号发生器技术参数

(1)频率特性

采样率:200 MSa/s;

频率分辨率:1 μHz;

滤波器带宽为 47.5 MHz(-3 dB),除方波外,所有波形均经过滤波器;

正弦波、方波输出频率:1 μHz~80 MHz;

三角波、锯齿波、负锯齿波、SINC、升指数、降指数输出频率:1 μHz~1 MHz;

DC 不存在频率特性;

高斯噪声带宽:67.5 MHz(-3 dB),采样率为 200 MSa/s;

FM、PM 输出频率(调制速度)为 1 mHz~20 kHz;

AM 输出频率(调制速度)为 1 mHz~20 kHz;

FSK、PSK 输出频率(键控速率)为 1 mHz~1 MHz。

(2)幅度特性

阻抗:50 Ω±5 Ω;

幅度范围:1 mVp-p~10 Vp-p;

幅度分辨率:1 mV。

(3)函数特性

标准波形:正弦波、方波、三角波、锯齿波、负锯齿波、SINC、升指数、降指数、高斯噪声、DC 电压。每个函数波形固定点数为 8K 字数据点。

方波占空比特性:

频率为 1 μHz~1 MHz 的方波占空比为 0.1%~99.9%可调,分辨率为 0.1%;

频率为 1 MHz～80 MHz 的方波占空比固定为 50％。

斜波对称度特性：三角波、锯齿波、负锯齿波含有对称度特性，对称度为 0.0％～100.0％可调，分辨率为 0.1％。

（4）FM 特性

调频载波信号：正弦波、方波、三角波、锯齿波、负锯齿波、升指数、降指数；

调制信号：正弦波、方波、锯齿波（对称度 100％）、三角波（对称度 50％）、负锯齿波（对称度 0％）、噪声波；

调制源：内部；

载波频率：受限于载波信号，见"频率特性"；

调制频率（速度）：1 mHz～20 kHz；

调制频率偏差：小于等于载波频率，并且"载波频率＋频率偏差≤载波最大频率"，载波最大频率见"频率特性"；

同步信号输出：与调制波同频、同相的 TTL 信号。

（5）AM 特性

调幅载波信号：正弦波、方波、三角波、锯齿波、负锯齿波、升指数、降指数；

调制信号：正弦波、方波、锯齿波（对称度 100％）、三角波（对称度 50％）、负锯齿波（对称度 0％）、噪声波；

调制源：内部和外部；

载波频率：受限于载波信号，见"频率特性"；

调制频率（速度）：1 mHz～20 kHz；

调制深度：0.1％～100.0％，但受限于最大输出幅度，见"幅度特性"；

同步信号输出：与调制波同频、同相的 TTL 信号。

（6）PM 特性

调相载波信号：正弦波、方波、三角波、锯齿波、负锯齿波、升指数、降指数；

调制信号：正弦波、方波、锯齿波（对称度 100％）、三角波（对称度 50％）、负锯齿波（对称度 0％）、噪声波；

调制源：内部；

载波频率：受限于载波信号，见"频率特性"；

调制频率（速度）：1 mHz～20 kHz；

调制深度：0～360 度，默认 180 度；

同步信号输出：与调制波同频、同相的 TTL 信号。

（7）FSK 特性

FSK 载波信号：正弦波、方波、三角波、锯齿波、负锯齿波、升指数、降指数；

调制源：内部或外部；

载波频率：受限于载波信号，见"频率特性"；

FSK 速率：1 mHz～1 MHz；

FSK 跳跃频率：受限于载波信号，见"频率特性"；

同步信号输出：为 FSK 速率。

（8）PSK 特性

PSK 载波信号：正弦波、方波、三角波、锯齿波、负锯齿波、升指数、降指数；

调制源：内部或外部；

载波频率：受限于载波信号，见"频率特性"；

PSK 速率：1 mHz～1 MHz；

PSK 跳跃频率：0～360 度；

同步信号输出：为 PSK 速率。

（9）扫频特性

载波信号：正弦波、方波、三角波、锯齿波、负锯齿波、升指数、降指数；

扫频起始频率和停止频率：受限于载波信号，见"频率特性"；

扫频模式：线性和对数；

扫频时间：50 μs～1 000 s；

标志输出：启用和禁止；

扫频方向：向上和向下；

同步信号输出：如果启用"标志输出"，则输出信号为以标志输出为下降沿的方波，周期为扫描时间；如果未启用"标志输出"，则输出信号为以二分之一扫频段为下降沿的方波。

（10）猝发（脉冲串）特性

脉冲串函数：正弦波、方波、三角波、锯齿波、负锯齿波、升指数、降指数；

载波频率：受限于载波信号，见"频率特性"；

猝发周期：10 μs～1 000 s；

脉冲串计数：1～50 000；

脉冲串模式：触发模式和外部门控模式；

触发控制：内部 N 周期触发、手动触发和外部输入 TTL 触发；

同步信号输出：为周期与猝发周期相同的方波，猝发起始相位可设定。

3. SG1408 型信号发生器使用方法

（1）启动仪器及设置输出函数

接上电源，按下面板上的电源按钮，自检通过后，选择主功能键中的"OUTPUT"，信号源将输出频率为 1 kHz，幅度为 5 V 的正弦信号。显示器开机后屏幕显示如图 2 - 11 所示。

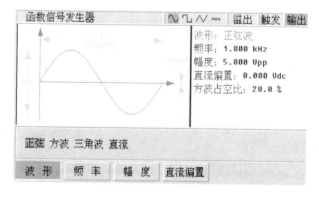

图 2 - 11　开机显示界面

屏幕下方"波形"、"频率"、"幅度"、"直流偏置"表示当前软键功能,可以按下相应的软键进入相应的功能设定。"波形"反白显示,表示当前输出为波形选择,可以通过方向键和旋钮两种方式重新选择输出函数。选择波形完成后,信号源对所选择的立即生效,无须其他的确认操作。

(2) 设置输出频率

按下"频率"软键,进入频率设定状态,屏幕显示如图 2-12 所示。

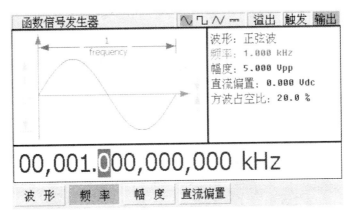

图 2-12　频率调节显示界面

频率值设置可以通过方向键或旋钮调节,也可以用数字键直接输入。按下任意一个数字后,进入数字输入状态,此时,屏幕会出现数字输入的对话框,软键变为频率单位项,如图 2-13 所示。通过按下软键"μHz"、"mHz"、"Hz"、"kHz"、"MHz"所对应的单位,进行单位量程的输入。信号源输出频率会在设定结束后立即生效,除非设定的频率量超出信号源的范围。

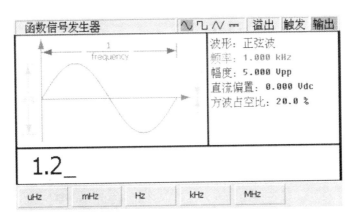

图 2-13　频率输入显示界面

(3) 设置输出幅度

按下"幅度"软键,进入输出幅度设定状态,屏幕显示如图 2-14 所示。

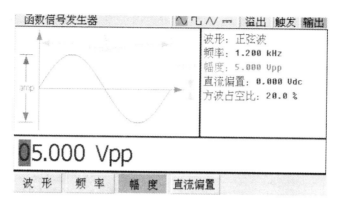

图 2－14　幅度调节显示界面

　　输出幅度可以通过方向键或旋钮调节,也可以用数字键直接输入。按下任意一个数字后,进入数字输入状态,这时,屏幕会出现数字输入的对话框,软键变为幅度单位项,如图 2－15 所示。通过按下软键"mVpp"、"Vpp"所对应的单位,进行单位化量的输入。信号源会在设定结束后立即生效,除非设定的幅度超出信号源的范围。

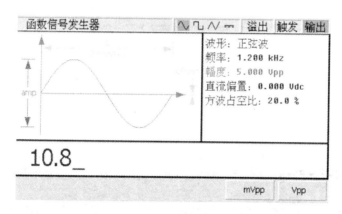

图 2－15　幅度输入显示界面

（4）设置直流偏置

按下"直流偏置"软键,进入输出幅度设定状态,屏幕显示如图 2－16 所示。

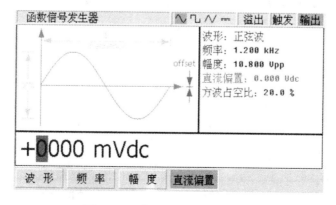

图 2－16　直流偏置调节显示界面

直流偏置可以通过方向键或旋钮调节,也可以用数字键直接输入。按下任意一个数字后,进入数字输入状态,这时,屏幕会出现数字输入的对话框,软键变为直流偏置单位项,如图 2-17 所示。通过按下软键"mVdc","Vdc"所对应的单位,进行单位化量的输入。信号源会在设定结束后立即生效,除非设定的偏置量超出信号源的范围。

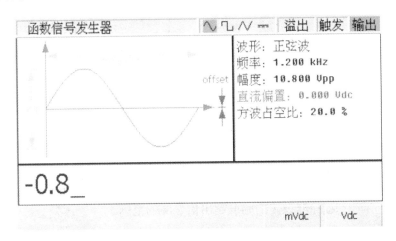

图 2-17　直流偏置输入显示界面

　　(5) 频率计输出

　　仪器正常开机后,按下"Utilty",进入主菜单。这时按下"频率计"软件,进入功能菜单选择,如图 2-18 所示。可通过外部或自身频率进行测量,频率低时要选择"低通滤波"(通过上下方向键选择或取消)。

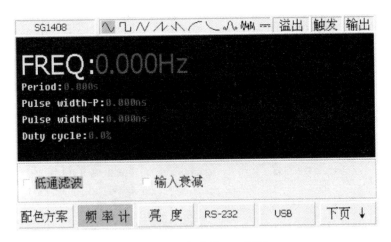

图 2-18　频率计显示界面

　　4. SG1408 型信号发生器使用注意事项

　　(1) SG1408 型数字合成信号发生器前面板有屏幕键、快捷键、数字键和方向键等按键。输入数值时,如果输入数值小于当前可以输入数值的下限,则仪器自动把输入数值设置为当前可以输入数值的下限;如果输入数值大于当前可以输入数值的上限,则仪器自动把输入数值设置为当前可以输入数值的上限。

（2）SG1408 型数字合成信号发生器的负载不能存在高压、强辐射、强脉冲信号，以防止功率回输造成仪器的永久损坏。功率输出负载不能短路，以防止功放电路过载。当出现显示窗显示不正常、死机等现象时，只要关机重启即可恢复正常。

（3）SG1408 型数字合成信号发生器采用大规模 CMOS 集成电路和超高速 ECL、TTL 电路等器体，在调试、维修时应有防静电装置，以免造成仪器受损。校准测试时，测试仪器或其他设备的外壳应良好接地，以免意外损害。

2.4 万用表

2.4.1 万用表介绍

万用表是一种多量程的便携式或袖珍式仪表，一般可测量交直流电压、直流电流和电阻，亦称三用表，有的万用表还可以测量音频电平、电容值、电感值和晶体管的电流放大系数。由于它用途广泛，因此成为电子实验室一般测试和判断的重要工具。

万用表按显示方式可分为指针和数字式两大类。

1. MF-47 型万用表电路

MF-47 为指针式万用表，具有 26 个基本量程和电平电容等 7 个附加参考量程，能分别测量交、直流电压，直流电流，电阻和晶体管的 β 值，可作为电子实验的一般测量工具。

图 2-19 为 MF-47 型万用实物图测试时黑表棒插入"－"COM 插座，红表棒插入"＋"插座，选择适当的量程选择开关位置即可测量。

（1）直流电压测量

根据被测电压大小，选择量程选择开关位置在"Ⅴ"的某一挡，被测电压应小于量程所标明的值，但量程也不能选择太大，否则测量时指针偏转太小，误差增大，应选择合适的量程，测量时使指针偏转大于一半。

测量直流电压时，本表内阻为 20 kΩ/V，使用小量程测量时要考虑电表内阻并联至被测电路引起测量误差。

图 2-19 MF-47 型万用表电路

测量电压时电表与被测电路并联，红表笔接被测电路的高电位端。

读数从刻度的第二道弧线读出，弧线下有三组数字，读哪一组数，与量程选择开关所选的量程相对应。

（2）交流电压测量

根据被测电压大小，量程选择开关置于"Ṽ"的某一挡上。选择方法与测直流电压相同。

交流电压读数方法与直流电压相同。

交流挡主要用来测 50 Hz 交流电压，亦可测量 1000 Hz 以下的交流电压，读数为交流电压的有效值。

（3）直流电流测量

将量程开关置于"mA"范围内,电表应与被测电路串联,红表笔接电流输入端,黑表笔接电流输出端,读数方法与直流电压相同但单位为"mA",用电流挡测量时万用表呈低阻,因此不得与被测电路并联,否则将使电表电流过大而损坏仪表。

（4）电阻测量

将量程选择开关置于"Ω"范围内,读数是从上面第一道弧线的数乘以选择开关位置所指的倍率,有五挡分别为×1、×10、×100、×1k、×10k。其刻度右端为0,左端为∞,选择开关选择倍率原则为测量时应使电表偏转在中间一段刻度,即在全刻度的20%～80%弧度范围内。

测电阻前应先进行零点调整,即将二测试棒短路,调节表上有"Ω"指示的电位器（欧姆调零器）,使指针读数为右端的零点位置,改变选择开关的量程,应重新"零点调整"。

在万用表测晶体管电阻时,应注意:红表笔棒是万用表内部电池的负极,黑表笔棒是电池的正极,×10k挡表内用的是9 V电池,测量晶体管基极发射极电阻时请不要用此挡。因为基极与发射极之间的击穿电压较低,一般小于7 V,用此挡测基极发射极电阻时,易将晶体管损坏。

（5）注意事项

① 测量前应观察表头指针是否在零点,如不在零点,则应调节"机械调零"（在表头下端有一螺丝口）使指针在零点位置。

② 测交直流电压及电流时,若不知被测值大小,量程选择开关应置于大量程位置,偏转较小时,再逐步减小量程测量。需要注意的是测量过程中,不要直接转动量程选择开关,要把表棒拿开,才可转动选择开关。

③ 测量电阻时,电阻本身不能通电,如果是线路中的电阻,应关掉电源,并从电路中断开才能测得正确值,测大电阻时不要将手与电阻表棒捏在一起。

④ 万用表不用时,应将量程选择开关置于空挡位置,如无空挡位置,置于测交流电压的最高挡。

2. DC890D 数字万用表

DC890D 数字万用表以双积分 A/D 转换为核心,是一台性能稳定、电池驱动的高可靠性数字显示万用表。该数字万用表可用来测量直流电压和交流电压、直流电流和交流电流、电阻、电容、二极管、三极管、通断测试等参数,能直接显示数字及单位,并具有自动关机功能,功耗小,应用广泛。

（1）面板说明（如图 2-20 所示）

"1"—液晶显示器:显示仪表测量的数值;

"2"—按键:背光灯开关;

"3"—旋转开关:用于改变测量功能、按键以及控制开关机;

"4"—20 A 以内电流的测试插孔;

"5"—电容、测试附件"－"极及 200 mA 以内电流的测试插孔;

"6"—电容、测试附件"＋"极插孔及公共地;

"7"—电压、电阻、二极管"＋"极插孔;

"8"—三极管测试孔:测试三极管输入口。

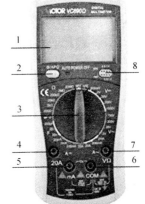

图 2-20 DC890D 数字万用表实物图

（2）DC890D 数字万用表使用方法

① 直流电压的测量

直流电压的测量范围为 0～1 000 V，共分五挡，被测量值不得高于 1 000 V 的直流电压。将黑表笔插入"COM"插孔，红表笔插入"V/Ω"插孔。根据电压的大小将转换开关置于直流电压挡的相应量程上，然后将测试表笔跨接在被测电路上，红表笔所接的该点电压与极性显示在屏幕上。

② 交流电压的测量

交流电压的测量范围为 0～750 V，共分五挡。将黑表笔插入"COM"插孔，红表笔插入"V/Ω"插孔。根据电压的大小将转换开关置于交流电压挡的相应量程上，红黑表笔不分极性且与被测电路并联。

③ 直流电流的测量

直流电流的测量范围 0～20 A，共分四挡。将黑表笔插入"COM"插孔，红表笔插入"mA"插孔（最大为 200 mA），或红表笔应插入"20 A"插孔（最大为 20 A），转换开关置于直流电流挡的相应量程上，然后将万用表的表笔串联接入被测电路中，被测电流值及红表笔点的电流极性将同时显示在屏幕上。

④ 交流电流的测量

交流电流的测量范围 0～20 A，共分四挡。表笔插法与直流电流测量相同，将转换开关置于交流电流挡的相应量程上，然后将表笔与被测电路串联，红黑表笔不需考虑极性。

⑤ 电阻的测量

电阻的测量范围 0～200 MΩ，共分七挡。将黑表笔插入"COM"插孔，红表笔插入"V/Ω"插孔，转换开关置于电阻挡的相应量程上，然后将两表笔跨接在被测电阻上。

⑥ 电容的测量

电容的测量范围为 0～20 μF，共分五挡。将红表笔插入"COM"插孔，黑表笔插入"mA"插孔，将转换开关置于相应之电容量程上，表笔对应极性（红表笔为"＋"极）接入被测电容。

⑦ 二极管测试和电路通断检查

将黑表笔插入"COM"插孔，红表笔插入"V/Ω"插孔，转换开关置于"二极管"位置。红表笔接二极管正极，黑表笔接其负极，则可测得二极管正向压降的近似值。可根据电压降大小判断出二极管材料类型。

将两只表笔分别触及被测电路两点，若两点电阻值小于 70 Ω 时，表内蜂鸣器发出叫声则说明电路是通的；反之，则不通。以此可用来检查电路通断。

⑧ 晶体管共发射极直流电流放大系数的测试

将转换开关置于"hFE"位置，确定所测三极管为 NPN 型或 PNP 型，将发射极、基极、集电极分别插入面板相应的插孔，显示器将显示出放大系数的近似值。

（3）DC890D 数字万用表使用注意事项

① 数字万用表内置电池后方可进行测量工作，使用前应检查电池电源是否正常。电源开关打开后显示屏应有数字显示，若显示屏出现低电压符号应及时更换电池。

② 测量时，应选择合适量程，若不知被测值大小，可将转换开关置于最大量程挡，在测

量中按需要逐步下降。如果屏幕显示"1",一般表示量程偏小,称为"溢出",需选择较大的量程。

③ 当转换开关置于"Ω"、"二极管"挡时,不得带电测量。

④ 测量电阻时,如果表笔断路或被测电阻值大于量程时,则会显示"1"。严禁被测电阻带电,阻值可直接读出,无须乘以倍率。测量大于 1 MΩ 电阻值时,几秒钟后读数方能稳定,这属于正常现象。

2.4.2　万用表测量二极管和三极管极性的方法

1. 概述

使用万用表或欧姆表可以判断二极管和三极管的极性和管子质量好坏,通常用欧姆挡的 R×100 或 R×1 k 挡来测量。万用表等效电路如图 2-21 所示。图中 E 为表内电源,r 为万用表的等效内阻,I 为被测回路中的实际电流。由图可知万用表正端的表笔(红表笔)对应于表内的负极,而负端的表笔(黑表笔)对应于表内电源的正极。

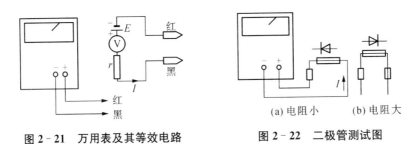

图 2-21　万用表及其等效电路　　　图 2-22　二极管测试图

2. 二极管极性的简易判断方法

先将万用表拨到欧姆挡的 R×100 或者 R×1 k 挡(对应的表内电池为 1.5 V),然后将黑表笔接到二极管的一个极,将红表笔接到另一极,如图 2-22 所示。若此时万用表指示的电阻值如果较小(通常约 100～1 000 Ω)而将红、黑表笔对换后,表头指示的电阻值较大(通常约几百千欧),说明此二极管导电性能较好,如图 2-22(a)接法,则接黑表笔的一端为二极管正极,接红表笔的一段为负极。如正向和反向电阻均为无穷大,则表明二极管内部断路,如所测正反向电阻相差不大时,则二极管可能已经损坏或性能不好。

3. 用万用表测试三极管

(1) 判断管脚

① 先判断一下基极和管子类型(PNP 或 NPN),由于基极与发射极、基极与集电极分别是两个 PN 结,它们之间的反向电阻值都很大,而正向电阻都很小,所以用万用表欧姆挡(R×100 或 R×1 k)测量时,先将任一表笔接到某一个认定的管脚上,再将另一表笔分别接其余两个管脚上,如果测得的阻值都很大(或都很小),然后对换表笔、重复上述测量,阻值恰好与上述结论相反,则可判定所认定的管脚为基极。若不符合上述结果,应另换一个认定管脚重新测量,直至符合上述结果为止,测试方法如图 2-23 所示。

测量时注意管脚和表笔的极性,当黑表笔接在基极,红表笔分别接在其他两极时测得电阻都很小,则可确定该三极管为 NPN,反之为 PNP 型。

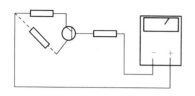

图 2 - 23 三极管类型的判断电路

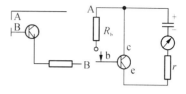

图 2 - 24 测试三极管管脚图

② 判断集电极和发射极。判断集电极和发射极的基本原理是把三极管接成基本单管放大电路,如图 2 - 24 所示。利用测量管子的电流放大系数 β 的大小判断集电极和发射极。对于常用的 NPN 型小功率硅管,若集电极接电源负极,这时表针偏转较大。如果电压极性反接,则表针偏转就比较小,由此即可大致判断出集电极和发射极。

另一种更可靠的办法是,当肯定被接测管 NPN 型硅管后,将黑表笔接于某一待测的管脚,红表笔接另一管脚,基极悬空,观察表针偏转情况,然后将黑表笔所接管脚与已断定的基极用手捏住(注意不使其相碰,这时人体电阻相当于图 2 - 24 的电阻 R_b)比较测量出的阻值变化,然后更换黑红表笔,再观察阻值变化,如前者的变化比较大,则前者黑表笔所接管脚就是集电极、红表笔所接管脚为发射极,如为 PNP 型管子,则与上述情况相反。

(2) 粗测集电极—发射极穿透电流(I_{CEO})

如图 2 - 25 所示,在三极管极性已确定的前提下,将基极开路,测量三极管集电极与发射极之间的电阻,一般此电阻值应在几千欧以上,如果阻值太小,则表明 I_{CEO} 很大,管子的性能不好。如果阻值接近于零,则表明管子已经损坏,此法适用于小功率管。

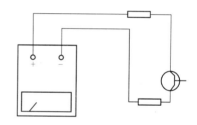

图 2 - 25 三极管穿透电流测试电路

2.5 交流毫伏表

2.5.1 TC2172A 型交流毫伏表

TC2172A 型交流毫伏表主要用于测量频率范围为 5 Hz~2 MHz,电压范围为 30 μV~100 V 的正弦波有效值电压。

该交流毫伏表采用数码量程开关和先进的智能化集成电路。使用本仪器具有测量精度高、频率影响误差小、噪声低等特点,并且具有交流电压输出和输入端保护功能,使整机操作更方便、安全、可靠。

1. 技术参数

电源:220 V 允差±10%,50/60 Hz。

仪器测量量程(电压十二挡):

电压:0.3 mV、1 mV、3 mV、10 mV、30 mV、100 mV、0.3 V、1 V、3 V、10 V、30 V、100 V;

dB:−70、−60、−50、−40、−30、−20、−10、0、+10、+20、+30、+40。

2. 仪器面板布置

TC2172A 型交流毫伏表面板图如图2-26所示。

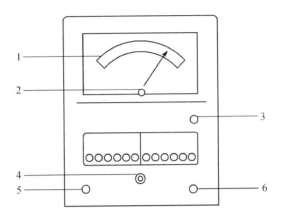

图 2-26　TC2172A 型交流毫伏表面板图

"1"—表头　"2"—表头机械零调节螺丝　"3"—电源开关　"4"—量程开关　"5"—信号端　"6"—输出端

3. 使用说明

(1) 仪器开机前,先检查电表指针是否在零上,如果不在零上,用绝缘起子调节机械零位使指针指示为零。

(2) 预先把量程开关置于 100 V 量程。

(3) 开电源,指示灯应亮,表头指针约有 5 秒不规则的摆动,这是正常现象,绝不会损坏表头。

(4) 被测电压应从输入端加入,不能从输出端加入。

(5) 根据被测电压选择量程。如果读数小于满刻度 30%,逆时针方向转动量程旋钮逐渐减小电压量程,当指针大于满刻度 30% 又小于满刻度时读出电压示值。

(6) dB 量程的使用

① dB

dB 被定义如下:$1\ dB = 10\ \log(P_2/P_1)$

如功率 P_2、P_1 的阻抗是相等的,则其比值也可以表示为:

$$dB = 20\ \log(E_2/E_1) = 20\ \log(P_2/P_1)$$

dB 原指功率的比值,然而,其他比值的对数(例如电压的比值或电流的比值),也可以称为"dB"。例如:一个输入电压,幅值为 300 mV,其输出电压为 3 V 时,其放大倍数是:3 V/300 mV = 100 倍,也可以 dB 表示如下:

$$放大倍数 = 20\ \log 3\ V/300\ mV = 6\ dB$$

dBm 是 dB(mW) 的缩写,它表示功率与 1 mW 的比值,通常"dBm"暗指 600 欧姆的阻抗所产生的功率,因此"dBm"可被认为:1 dBm = 1 mV 或 0.755 V 或 1.291 mA。

② 功率或电压的电平由表头显示的刻度值与量程开关所在位置相加而定。

例如：　　　　　　刻度值　　　量程　　　电平

$$(-1\ dB)+(+20\ dB)=+19\ dB$$

$$(+2\ dB)+(+10\ dB)=+12\ dB$$

（7）"输出"端的利用

不能将被测电压加至输出端,以免换坏仪器,当仪器满刻度指示"1.0"时,无论量程开关在什么位置,空载时在"输出"端都得到 0.1 V 输出。

输出端连接示波器可作为测量信号波形的监视器。

（8）使用注意事项

① 避免过冷和过热。不可将交流毫伏表长期暴露在日光下或靠近热源的地方,如火炉等。

② 不可在寒冷天气时放在室外使用。仪器工作温度应为 40℃左右。

③ 避免炎热与严寒环境的交替。不可将交流毫伏表从炎热的环境中突然转到寒冷的环境或相反进行,这将导致仪器内部形成凝结。

④ 避免湿度、水分和灰尘。将交流毫伏表放在湿度大或灰尘多的地方,将会导致仪器操作出现故障,交流毫伏表的最佳使用湿度范围为 35%～90%。

2.5.2　DF1930A 型交流毫伏表

DF1930A 全自动数字交流毫伏表采用单片机控制技术,集模拟与数字技术于一体,它是一种通用型毫伏表,适用于测量频率范围为 5 Hz～2 MHz,电压范围为 100 μV～300 V 的正弦波有效值电压。

该交流毫伏表具有测量精度高,测量速度快,输入阻抗高,频率影响误差小等优点。具备自动/手动测量功能,能同时显示电压值和 dB/dBm 值、量程和通道状态,显示清晰直观,使用方便。

1. 技术参数

交流电压测量范围:100 μV～300 V;

dB 测量范围:−80 dB～50 dB(0 dB=1 V);

dBm 测量范围:−77 dBm～52 dBm(0 dB=1 mW600 Ω);

量程:3 mV,30 mV,300 mV,3 V,30 V,300 V;

频率范围:5 Hz～2 MHz;

电压测量误差:(以 1 kHz 为基准,20℃环境温度下)。

50 Hz～100 kHz ±1.5%读数±8 个字;20 Hz～500 kHz ±2.5%读数±10 个字;5 Hz～2 MHz ±4.0%读数±20 个字。

dB 测量误差:±1 个字;dBm 测量误差:±1 个字。

输入电阻:10 MΩ;输入电容:不大于 30PF;

工作电压:220 V(±10%),50 Hz±2 Hz。

2. 仪器面板布置

DF1930A 交流毫伏表面板图如图 2-27 所示。

　　"1"—电源开关

　　"2"—量程切换按键

　　"3"—AUTO/MANU 选择按键

　　"4"—dB/dBm 选择按键

　　"5"—信号输入端

　　"6"—显示窗口

　　"7"— UNDER 欠量程指示灯

　　"8"—OVER 过量程指示灯

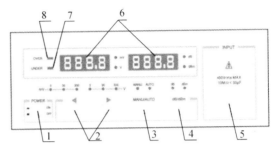

图 2-27　DF1930A 型交流毫伏表面板图

3. 使用说明

（1）按下电源开关,为了保证仪器稳定性,需将仪器预热 15～30 分钟。

（2）开机时,仪器处于手动量程 300 V 挡,电压和 dB 显示状态。若采用手动测量方式,在加入信号前应用量程切换按键选择合适的量程。在测量过程中,也可根据仪器的提示设置量程。若 OVER 灯亮表示过量程,此时电压显示"HHHH"V,dB 显示为"HHHH" dB,应手动切换到上面的量程。当 UNDER 灯亮时,表示测量欠量程,应切换到下面的量程。

　　用 AUTO/MANU 按键可将仪器设置为自动测量方式,此时仪器能根据被测信号的大小自动选择量程,同时允许手动干预量程选择。当仪器在自动测量方式下且量程处于 300 V 挡,若 OVER 灯亮表示过量程,此时电压显示"HHHH"V,dB 显示为"HHHH"dB,表示输入信号过大,超出了仪器的使用范围。

（3）当仪器设置为手动测量方式时,从输入端加入被测信号后,只要量程选择恰当,读数能马上显示出来。当仪器设置为自动测量方式时,由于要进行量程的自动判断,读数显示略慢于手动测量方式。

4. 使用注意事项

（1）交流毫伏表只能在其工作频率范围之内,用来测量正弦交流电压的有效值。若测量非正弦交流信号要经过换算。

（2）交流毫伏表接入被测电路时,其地端(黑夹子)应始终接在电路的地上(成为公共接地),以防干扰。

（3）不可用万用表的交流电压挡代替交流毫伏表测量交流电压(万用表内阻较低,用于测量 50 Hz 左右的工频电压)。

2.6　直流稳压电源

　　各种电子电路均需电源供电,绝大多数电路由直流电源供电,并且要求电源电压为稳定值。但市电电源供给的是有效值为 220 V、频率为 50 Hz 的正弦交流电,一般需要对它进行一些处理才能给电子电路供电。首先需要用整流滤波电路将交流电变换为直流电;其次整流滤波后的电压会随着市电电压或负载的变化而变化,可能导致电子设备不能正常工作,因此还需要有稳压设备将整流电压稳定在一定范围内。

　　直流稳压电源就是完成上述两项任务的设备,它是为各种电子设备和电路提供稳定的直流电压的通用电源设备,当电网电压波动或负载变化时,要求输出电压能维持相对稳定。

2.6.1　DH1718 系列直流双路跟踪稳压稳流电源

1. 功能和特点

DH1718 系列直流双路稳压稳流(CV/CC)跟踪电源是实验室通用电源,每一路可输出 0~32 V、0~2 A 的直流电源。每一路输出均有一块高品质磁电式电表作输出参数的指示。该电源具有使用方便、不怕短路、短路时电压恒定的特点。面板上每一路的输出端都有一接地接线柱,可以使本电源方便地接入用户的系统地。

2. 主要技术指标

(1) 输出电压:2×32 V。

(2) 输出电流:2×2 A。

(3) 电压调整率:CV1×10^{-4}+2 mA,CC1×10+5 mA。

(4) 负载调整率:CV1×10^{-4}+2 mA,CC120 mA。

(5) 纹波:≤1 mV。

(6) 输入电源:220 V±10%,50 Hz。

3. 面板结构

该电源的面板和外形结构如图 2-28 所示。
该电源的面板介绍如下:

(1) 电压显示窗:指示输出电压。

(2) 电流显示窗:指示输出电流。

(3) 输出电压调节旋钮:调节恒压输出值。

(4) 输出电流调节旋钮:调节恒流输出值。

(5) 电压跟踪/常态按钮:串联跟踪工作按钮。

(6) 连接器跟踪:连接或跟踪。

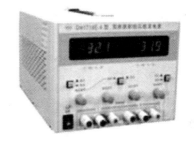

图 2-28　DH1718 系列双路直流跟踪
稳压稳流电源面板和外形结构

4. 使用方法及注意事项

(1) 左边的按键为左路仪表指示功能选择,按下时,指示该路输出电流,否则指示该路输出电压。右边按键相同。

(2) 中间按键是跟踪/常态选择开关,按下此键,然后在左路输出负端至右路输出正端之间加一短接线,开启电源,整机将工作在主从跟踪状态。

(3) 输出电压宜在输出端开路时调节,输出电流的调节可在输出端短路时进行。

(4) 开机后预热 30 分钟。

2.6.2　SG1731 系列直流稳压稳流电源

1. 功能和特点

SG1731 系列直流稳压稳流电源是一种有 3 路输出的多功能直流稳压电源。其中一路提供 5 V 固定直流电压输出,可用于逻辑电路;另外两路可调输出电源具有稳压与稳流自动转换功能,其电路由调整管功率损耗电路、运算放大器和带有温度补偿的基准稳压器等组成,因此电路稳定可靠。每一路可输出 0～30 V、2～5 A 的直流电源。两路可调电源间又可任意串联或并联,在串联或并联的同时又可由一路主电源进行电压或电流(并联时)跟踪。串联时最小输出电压可达两路电压额定值之和,并联时最大输出电流可达两路电流额定值之和。两路可调电源均具有可靠的过载保护功能,输出过载或短路都不会损坏电源。

2. 主要技术指标

输出电压:2×2—30 V。

输出电流:2×2—5 A。

可选输出:±5 V/1 A。

电源效应:CV≤1×10⁻⁴+0.5 mV,CC≤2×10⁻³+1 mA。

负载效应:CV≤1×10⁻⁴+2 mA(输出电流≤5 A),CC≤2×10⁻³+3 mA(输出电流≤5 A)。

纹波与噪声:CV≤0.5 mVrms(输出电流≤5 A),CC≤3 mArms。

输入电源:AC220 V(±10%),50 Hz±2 Hz。

3. 面板结构

SG1731 系列直流稳压稳流电源的面板如图 2 - 29 所示。

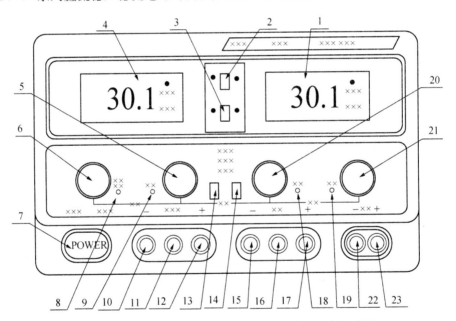

图 2 - 29 SG1731 系列双路直流稳压稳流电源面板示意图

该电源的面板介绍如下:

"1"—主路显示:数码管指示主路输出电压、电流值;

"2"—主路输出指示选择开关:选择主路的输出电压或电流值。

"3"—从路输出指示选择开关:选择从路的输出电压或电流值。

"4"—从路显示:数码管指示主路输出电压、电流值;

"5"—从路稳压输出电压调节旋钮:调节从路输出电压值。

"6"—从路稳流输出电流调节旋钮:调节从路输出电压值(即限流保护点调节)。

"7"—电源开关:当此开关被置于"ON"时(即开关被按下时),机器处于"开"状态,此时稳压指示灯亮或稳流指示灯亮。反之,机器处于"关"状态(即开关弹起时)。

"8"—从路稳流状态或二路电源并联状态指示灯:当从路电源处于稳流工作状态时或二路电源处于并联状态时,此指示灯亮。

"9"—从路稳压状态指示灯:当从路电源处于稳压工作状态时,此指示灯亮。

"10"—从路直流输出负接线柱:输出电压的负极,接负载负端。

"11"—机壳接地端:机壳接大地。

"12"—从路直流输出正接线柱:输出电压的正极,接负载正端。

"13"、"14"—两路电源独立、串联、并联控制开关。

"15"—主路直流输出负载接线柱:输出电压的负极,接负载负端。

"16"—机壳接地端:机壳接大地。

"17"—主路直流输出正接线柱:输出电压的正极,接负载正端。

"18"—主路稳流状态指示灯:当主路电源处于稳流工作状态时,此指示灯亮。

"19"—主路稳压状态指示灯:当主路电源处于稳压工作状态时,此指示灯亮。

"20"—主路稳流输出电流调节旋钮:调节主路输出电流值(即限流保护点调节)。

"21"—主路稳压输出电压调节旋钮:调节主路输出电压值。

"22"—固定输出正接线柱:输出电压的正极,接负载正端。

"23"—固定输出负接线柱:输出电压的负极,接负载负端。

4. 使用方法及注意事项

(1) 双路可调电源独立使用

① 将"13"和"14"开关分别置于弹起位置。

② 可调电源作为稳压源使用时,首先应将稳流调节旋钮"6"和"20"顺时针调节到最大,然后打开电源开关"7",并调节电压调节旋钮"5"和"21"使从路和主路输出直流电压至需要的电压值,此时稳压状态指示灯"9"和"19"发光。

③ 可调电源作为稳流源使用时,在打开电源开关"7"后,先将稳压调节旋钮"5"和"21"顺时针调节到最大同时将稳流调节旋钮"6"和"20"逆时针调节到最小,然后接上所需负载,再顺时针调节稳流调节旋钮"6"和"20"使输出电流至所需要的稳定电流值。此时稳压状态指示灯"9"和"19"熄灭,稳流状态指示灯"8"和"18"发光。

④ 在作为稳压源使用时稳流电流调节旋钮"6"和"20"一般应该调至最大,不过本电源也可以任意设定限流保护点。设定办法为:打开电源,逆时针将稳流调节旋钮"6"和"20"调到最小,然后短接输出正、负端子,并顺时针调节稳流调节旋钮"6"和"20"使输出电流等于所要求的限流保护点的电流值,此时限流保护点就被设定好了。

(2) 双路可调电源串联使用

① 将"13"开关按下,"14"开关置于弹起位置,此时调节主电源电压调节旋钮"21",从路的输出电压严格跟踪主路输出电压,使输出电压最高可达两路电流的额定值之和(即端子"10"和"17"之间的电压)。

② 在两路电源串联以前应先检查主路和从路电源的负端是否有联接片与接地端相联,如有则应将其断开,不然在两路电源串联时将造成从路电源的短路。

③ 在两路电源处于串联状态时,两路的输出电压由主路控制,但是两路的电流调节仍

然是独立的。因此在两路串联时应注意"6"电流调节旋钮的位置。如旋钮"6"在逆时针旋到底的位置或从路输出电流超过限流保护点,此时从路的输出电压将不再跟踪主路的输出电压。所以一般两路电源串联时应将旋钮"6"顺时针旋到最大。

④ 在两路电源串联时,如有功率输出,则应利用与输出功率相对应的导线将主路的负端和从路的正端可靠短接。因为机器是通过一个开关短接的,所以当有功率输出时短接开关将通过输出电流,从而降低整机的可靠性。

（3）双路可调电源并联使用

① 将"13"开关按下,"14"开关也按下,此时两路电源并联,调节主电源电压调节旋钮"21",两路输出电压一样。同时从路稳流指示灯"8"发光。

② 在两路电源处于并联状态时,从路电源的稳流调节旋钮"6"不起作用。当电源做稳流源使用时,只需调节主路的稳流调节旋钮"20",此时主、从路的输出电流匀受其控制并相同,其输出电流最大可达二路输出电流之和。

③ 在两路电源并联时,如有功率输出则应用输出功率相对应的导线分别将主、从电源的正端和正端、负端和负端可靠短接,以使负载可靠地接在两路输出的输出端子上。不然,如将负载只接在一路电源的输出端子上,将有可能造成两路电源输出电流的不平衡,同时也有可能造成串联开关的损坏。

（4）使用注意事项

① 本电源设有完善的保护功能:两路可调电源具有限流保护功能,由于电路中设置了调整管功率损耗控制电路,因此当输出发生短路现象时,此时大功率调整管上的功率损耗并不是很大,完全不会对本电源造成任何损坏。但是短路时本电源仍有功率损耗,为了减少不必要的机器老化和能源消耗,应尽早发现并关掉电源,将故障排除。

② 使用完毕后,请放在干燥通风的地方,并保持清洁,若长期不使用应将电源插头拔下后再存放。

③ 对稳定电源进行维修时,必须将输入电源断开。

2.7　TC‑6720电路分析实验箱介绍

2.7.1　TC‑6720电路分析实验箱概述

TC‑6720电路分析实验箱是根据《电路分析(实验)》、《电路原理(实验)》等课程大纲开发的一套电路实验台。该实验台能满足电类本科和非电类本科、专科及职业学校等不同层次学校电路实验的需要。

TC‑6720电路分析实验箱如图2‑30所示,它由五个部分组成:一是函数信号发生器;二是电源部分,分为四个电压源和一个电流源;三是测量仪表部分,共有两个,分别是直流数字电压表和直流数字毫安表;四是各种典型电路模块部分,该部分的每个电路中,实线部分表示元件已经连接在一起,而虚线部分则代表还没有连接上去,需要实验人员自行连接(这一点需要特别注意);五是自由布线区元件部分,包括单独的电阻、电容、二极管、变阻器、集成座等。

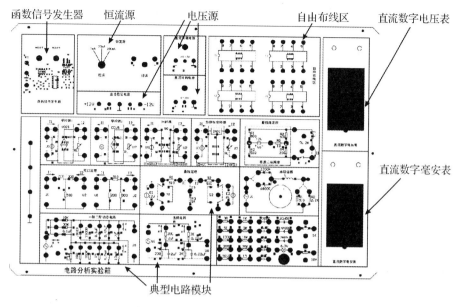

图 2 - 30 TC - 6720 电路分析实验箱

2.7.2 TC - 6720 电路分析实验箱主要技术指标

(1) 电压源一共有四个,分别是一个+12 V、-12 V、0～+12 V 和-12 V～0。其中+12 V、-12 V 是恒定电压源,而 0～+12 V 和-12 V～0 是可调电压源。

(2) 电流源一个,输出 0～200 mA,分 2 mA、20 mA、200 mA 三挡,每挡均连续可调。

(3) 直流数字毫安表一只,测量范围 0～200 mA,量程分 2 mA、20 mA、200 mA 三挡,旋转开关切换,三位半数显。在使用的过程中,一定要特别注意被测电流不能超过电流表量程,以防电流表被烧毁。

(4) 直流数字电压表一只,测量范围 0～200 V,量程分 2 V、20 V、200 V 三挡,旋转开关切换,三位半数显。

(5) 函数信号发生器一个。

波形:正弦波、方波、三角波;

频率范围:2 Hz～20 kHz,分低频、高频两挡连续可调;

幅值:方波、正弦波、三角波。

(6) 典型电路模块十块,分别是:受控源 1、受控源 2、回转器、负阻抗变换器、戴维南定理、双口定理、叠加定理、串联谐振、一阶二阶动态电路、选频电路等。

(7) 自由布线区 自由布线区配直插集成座八脚的四只,1/4 W 电阻 30 Ω、51 Ω、100 Ω、200 Ω、510 Ω、1 kΩ、2 kΩ、10 kΩ、20 kΩ、1 MΩ 各一只;电容 2 200 P、0.01 UF、0.1 UF、0.22 UF、1 UF 各一只;二极管 2CW51、1N4007、2AP9 各一只、6.3 V 指示灯一只、电位器 1 k、10 k 各一只。此区内的所有配件的引脚均已引出且用自锁紧插座连接,实验时连接方便。

该实验装置除满足《电路分析(实验)》《电路原理(实验)》教学大纲要求外,还增加了设计型、综合型的多项实验,激发了大学生学习兴趣,对学生创新意识和实践能力的培养,发挥了一定的作用。

2.7.3　TC-6720电路分析实验箱注意事项

（1）实验前,要认真预习实验教材相关部分,通过预习,充分了解本次实验的目的、原理、步骤和有关仪器、仪表的使用方法,并将实验电路及实验数据记录表画好。

（2）将实验箱背面的电源接口用电源线进行连接。

（3）根据具体实验要求进行各元件的连线,并检查是否正确。若用到电流表时,先将连接电流表的导线断开。线路接通后,先由同组同学相互检查、复查,再经教师检查,方可接通电源。

（4）将实验箱后侧的红色按钮按下,此时实验箱正式通电。接通电源的同时要监视仪表指示灯和负载有无异常现象,如有无发热、冒烟现象,如有这些现象应立即切断电源,停止实验,进行检查。

（5）将电流表两端导线试探性的接上,观察电流是否反偏或已超出电流表的量程,如果是,则将电流表两端导线反向或采用量程较大的电流表。

（6）进行实验时,接插、拆除导线均要在断电情况下进行。在实验过程中,如要改变接线,必须先切断电源。待改完线路,再次进行检查后,方可接通电源继续进行实验。

（7）注意安全用电。实验中应严肃、认真、细心,不得用手触及电路中的裸露部分或不绝缘的电源部分。

（8）实验结束时,要全面检查实验数据。确认已按实验要求完成实验任务后,再交指导教师审查认可。实验结束后,应先切断电源,即按下实验箱左侧红色按钮,便可迅速切断电源,然后再拆除装置上的电路连线,并做好工作台上的仪表、装置的整理工作。

2.8　DG-3型电工实验系统（台）介绍

2.8.1　DG-3型电工实验系统（台）概述

该装置是根据《电工学(实验)》《电路原理(实验)》等课程大纲开发出来一套电工实验台。能满足电类本科和非电类本科、专科及职业学校等不同层次学校电工(电路)实验的需要。

该装置由实验台及直流(DC)、交流(AC)实验箱或挂件箱组成,实验台如图2-31所示。实验台提供交流连续可调的电源(380/220 V-5 A),两路直流稳压源、一路稳流源和交直流电压电流表等模块。模块配置灵活,也可根据用户需要更换相应的模块或自行设计。

直流(DC)实验箱面板上布置了各种规格的电阻、电感和电容器件,配合实验台上电源和仪表可以完成《电工学》、《电路基础》、《电路分析》等相关课程的弱电部分实验;交流(AC)实验箱面板上布置有日光灯功率因数提高实验区、三相负载等功能区,配合实验台上交流电源、仪表可以完成《电工学》、《电路基础》、《电路分析》等相关课程的强电部分实验,有些特殊的实验需设计者按照实验原理进行设计和开发。

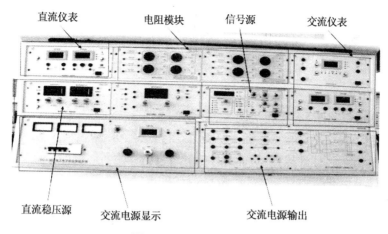

直流仪表　　　电阻模块　　　信号源　　　交流仪表

直流稳压源　　　交流电源显示　　　　　交流电源输出

图 2‒31　DG‒3 实验台

2.8.2　DG‒3 型电工实验系统(台)特点

该实验装置除了满足电类专业课程教学大纲要求外,还增加了设计型、综合型的多项实验,激发了大学生学习兴趣,对学生创新意识和实践能力的培养,发挥了一定的作用。

该装置引入自锁紧插件、电流插孔、电流插笔,既方便操作,又可保护仪器仪表,节省了连接导线的时间,解决了实验教学的深度与时间的矛盾。产品采用模块化设计、构思新颖、接插方便、突出安全意识、保护功能完善,为学生提供一个设计性、综合性的设计平台,可供学生自行设计、论证有关综合电路,以提高学生分析问题、解决问题的能力。

该装置的主要特点如下:

(1) 突出安全意识,保护功能完善。针对强电 220 V、380 V 的实验,在电源装置上安装了开关、漏电保护器、急停开关,能迅速切断电源,这样可确保强电实验的安全进行。

(2) 拓宽了实验项目,丰富了实验内容。除常规的实验项目之外,还增加了设计型、综合型等多项实验,有利于激发学生的学习兴趣,培养学生的创新意识和实践能力,使实验教学质量大为提高。

(3) 设计新颖、直观。在设计过程中,经反复论证修改,让元器件尽量置于装置表面,使学生在方便实验的同时能直观地看到元器件,增强了感性认识。

(4) 采用模块化结构,结构简单。为确保导线连接可靠,采用了自锁紧插件;外形美观、易于操作,解决了实验教学的深度与时间的矛盾。

(5) 引入了电流插孔、电流插笔。既可方便操作,保护仪器仪表,又可提高安全性。

(6) 便于维修和管理,减轻了实验人员的劳动强度。故障率低,保证了多班级实验的正常开出。

(7) 该装置元器件多,功能齐全,为教师进行教学研究提供了方便。

2.8.3　DG‒3 型电工实验系统(台)注意事项

(1) 实验前,要认真预习教材和实验教材的有关部分,通过预习,充分了解本次实验的目的、原理、步骤和有关仪器、仪表的使用方法,并将实验电路及实验数据表画好。

（2）将空气开关（断路器）向上推上，即合上三相四线电源，此时实验台电源接通。钥匙开关接通后，按下起动按钮，三相电源的插孔才有输出，U、V、W 线电压分别为 380 V，各相电压为 220 V。

（3）每个模块（稳压电源模块、仪表模块）均有开关，当实验台电源接通后，打开模块电源开关，相应模块才开始工作（输出）。

（4）根据实验电路图，选择相应的长、短接插导线相连，连接导线应尽可能少，力求简捷、清楚，尽量避免导线间的交叉。插头要插紧，保证接触可靠，在插头拔出时，顺时针稍加旋转，向上用力，方可将插件拔出，不能直接拽导线向上用力拔，这样容易使导线断裂。

（5）电压源应该开路调节至需要的电压值然后再接入电路中，电流源应短路调节至相应数值后再接入电路中，对于不用的电压源应该开路处理，不用的电流源应该短路处理，或直接关掉相应模块电源。

（6）进行强电实验时，接插、拆除导线均要在断电情况下进行。在实验过程中，如要改变接线，必须先切断电源，待改完线路，再次进行检查后，方可接通电源继续进行实验。

（7）线路接通后，先由同组同学相互检查，再经教师复查，方可接通电源。

（8）一般先接通主电路（原理图），后接辅助电路（测量），检查无误后接通电源。

（9）注意安全用电。实验中应严肃、认真、细心，强电实验电压一般 220 V 或 380 V，所以不得用手触及电路中的裸露部分或未绝缘的电源部分。

（10）闭合电源应果断，同时要监视仪表指示灯和负载有无异常现象，如有发热、冒烟现象，应立即切断电源，停止实验，进行检查。

（11）电工实验电源箱配有紧急停止按钮，当出现异常情况时，可按下"红色"急停按钮，即可迅速切断电源。正常运行时，不要随便按下此按钮，以免影响实验的正常进行。

（12）实验结束时，要全面检查实验数据。确认已按实验要求完成实验任务后，再交指导教师审查认可。实验结束后，应先切断电源，即按下电源箱上"红色"急停按钮，便可迅速切断电源，然后再拆除装置上的电路连线，并做好工作台上的仪表、装置的整理工作。

第 3 章 电路仿真软件介绍

在实际仪器平台上进行实验,可以使初学者获得最直接的感受。而电路仿真软件可以为读者提供一个更加经济、高效的虚拟设计平台。本章将着重介绍电路仿真软件 EWB、Multisim 10 的使用方法。

3.1 电路仿真软件的发展及意义

仿真技术是以相似原理、系统技术、信息技术以及仿真应用领域的相关专业技术为基础,以计算机系统、物理效应设备及仿真器为工具,利用模型对(已有的或设想的)系统进行研究的一门多学科的综合性技术。仿真本质上是一种知识处理的过程,典型的系统仿真过程包括系统模型建立、仿真模型建立、仿真程序设计、仿真试验和数据分析处理等,它涉及多学科多领域的知识与经验。

随着电子计算机技术的发展,计算机辅助设计方法已经进入电子设计的领域并广泛应用。模拟电路中的电路分析、数字电路中的逻辑模拟、电路板印制和集成电路图设计都采用计算机辅助工具来加快设计效率,提高设计成功率。而大规模集成电路的发展,使得原始设计方法无论在效率还是精度上都无法适应当前电子工业的要求,采用计算机辅助设计进行仿真已经势在必行。

电路的仿真技术越来越受到人们的重视。仿真技术逐步成为电子工程领域进行电路分析与辅助设计的重要工具。应用电路仿真软件快速分析电路的性能参数,有利于设计方案的确定和设计参数的选择,从而提高设计效率,克服传统实验研发周期长的缺点,使设计者可以更直接地将精力集中在设计层面,缩短了整体设计周期。因此仿真软件种类繁多,应用甚广。

目前进入我国并具有广泛影响的电路类仿真软件有:EWB、Multisim、PSPICE、Protel、Viewlogic、Mentor、Graphics、Synopsys、LSIlogic、Cadence、MicroSim 等等。这些工具都有较强的功能,一般可用于几个方面,例如很多软件都可以进行电路仿真与设计,同时还可以进行 PCB 自动布局布线,可输出多种网表文件与第三方软件接口。

电路仿真软件能够提高电路系统设计的快速性和精确性,使设计人员能简单、方便、有效地对电路进行精确设计测试。仿真软件的应用将大大提高设计人员的工作效率,它已经成为科研和教学上必不可少的工具。

3.2　EWB仿真软件介绍

3.2.1　EWB特点

Electronics Workbench 简称 EWB,是一种电子电路计算机仿真设计软件,被称为电子设计工作平台或虚拟电子实验室。EWB 由加拿大 Interactive Image Technologies Ltd 公司于 1988 年开发。它提供的设计工具可用于电路设计,对采用 SPICE、VHDL 和 VERILOG 设计的模拟电路和数字电路进行仿真,是全世界率先推出的基于 PC 的电子设计工具之一。它具有如下特点:

1. EWB 具有集成化、一体化的设计环境

EWB 具有全面集成化的设计环境,在设计环境中可以完成原理图输入、数模混合仿真以及波形显示等工作。当用户进行仿真时,波形图和原理图同时有效可见,当改变电路连接或元件参数时,显示的波形立即反映出相应的变化,即可以清楚地观察到具体电路元件参数的改变对电路性能的影响。

2. EWB 具有专业的原理图输入工具

EWB 提供了友好的操作界面,用户可以轻松地完成原理图的输入。单击鼠标,可以方便地完成元件的选择;拖动鼠标,就可以将元件放到原理图上。EWB 具有自动排列连线的功能,同时也允许用户调整电路连线和元件的位置。具有一般电子技术基础知识的人员,只需几个小时就可以掌握 EWB 的基本操作。

3. EWB 具有真实的仿真平台

EWB 提供了齐全的虚拟电子设备,包括示波器、函数发生器、万用表、频谱仪和逻辑分析仪等。操作这些设备如同操作真实设备一样,非常容易。可以通过对电路的仿真,既掌握电路的性能,又熟悉仪器的正确的使用方法。

4. EWB 具有强大的分析工具

EWB 提供了 14 种分析工具,利用这些工具,用户可以了解电路的工作状态,测量电路的稳定性和灵敏度。EWB 还提供了各种分析手段,有静态分析、动态分析、时域分析、频域分析、噪声分析、失真分析、离散傅里叶分析、温度分析等各种分析方法。

5. EWB 具有完整、精确的元件模型

元件及其模型在任何分析和设计中都是相当重要的。EWB 提供了相当广泛的元器件,共有 8 000 多个器件模型;而且在设计过程中,用户可以根据需要自己添加新的元器件。

3.2.2　EWB 的界面

EWB 仿真软件的组成如同一个实际的电子实验室,其界面主要由以下几个部分组成:元器件栏、电路工作区、仿真电源开关、电路描述区等。其标准工作界面如图 3-1 所示。

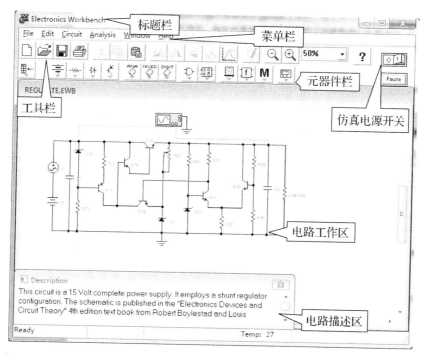

图 3-1　EWB 的主界面

元器件栏中用于存放各种元器件和测试仪器,用户可以根据需要调用其中的元器件和测试仪器。元器件栏中的各种元器件按类别存放在不同的库中,如二极管库、晶体管库、模拟集成电路库等。测试仪器与实际的仪器具有相同的面板和调节旋钮,使用方便。

电路工作区是工作界面的中心区域,它就像实验室的工作平台,可以将元器件栏中的各种元器件和测试仪器移到工作区,在工作区中搭接电路,连接测试仪器后,单击仿真电源开关,就可以对电路进行仿真测试。打开测试仪器,可以观察测试结果;再次单击仿真电源开关,可以停止对电路的仿真测试。

电路描述区是 EWB 系统给用户提供的一个文字区域,方便用户对电路的功能及仿真结果进行说明。

EWB 与其他的应用程序一样,有标题栏、菜单栏、工具栏、元器件栏、仿真开关、暂停/恢复开关、电路工作区、状态栏及滚动条组成。下面介绍其中主要栏目。

1. 菜单栏

菜单栏中有六个菜单项,分别是:File、Edit、Circuit、Analysis、Window、Help。每个菜单项的下拉菜单中都包含若干条命令。

（1）File 菜单

File 菜单项如图 3-2 所示，其中的大部分菜单项功能与一般的 Windows 应用程序相同，如 New、Open、Save、Save As、Print、Print Setup、Exit，下面简要说明一些菜单项的功能。

① 恢复存盘命令（File/Revert to saved）

该命令的功能是将当前的电路恢复到最后一次存盘时的形式，取消当前对此电路所做的全部修改。

② 输入文件命令（File/Import）

该命令用于导入 SPICE（∗.CIR）描述的电路文件，实现对多种电路的仿真。

③ 输出文件命令（File/Export）

该命令用于将当前的电路按照指定的格式输出。

④ 安装命令（File/Install）

该命令用于安装 EWB 系统的附加应用程序。

图 3-2　EWB 的 File 菜单

（2）Edit 菜单

Edit 菜单如图 3-3 所示，它所包含的命令有：Cut、Copy、Paste、Delete、Select All、Copy As Bitmap、Show Clipboard。功能与常用 Windows 应用程序相同，这里不再详细说明。

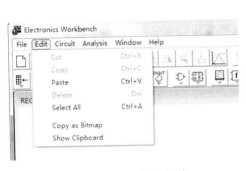

图 3-3　EWB Edit 菜单

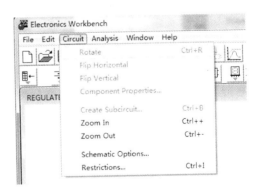

图 3-4　EWB 电路菜单

（3）Circuit（电路）菜单

电路菜单项如图 3-4 所示，可以实现对元件的位置和属性进行设置、子电路的生成、电路图大小的缩放、电路图属性的设置、分析方法的选择。

① Rotate、Flip Horizontal、Flip Vertical 命令

单击需要调整位置的元件，然后选择所需的命令即可实现对所选元件的 90°逆时针旋转、水平翻转或垂直翻转。

② Component Properties（元件属性命令）

每个元件都有各自的属性。根据仿真的要求，属性可以修改。选择的元件不同，其属性

的多少及内容也不相同。选中某个元件后,单击此菜单项,出现该元件的属性对话框如图3－5所示,各标签含义如下:

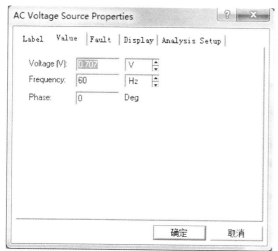

图3－5 元件属性对话框

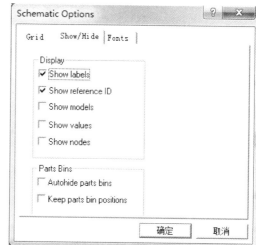

图3－6 电路选项对话框

Label(标号):对电路中的元件标号进行设置;

Model(模型):对元件模型或元件的参数进行设置;

Fault(故障):设置元件的两个引脚之间的故障,用来仿真实际元件和电路中出现的故障;

Display(显示):选择元件的标号、模型是否显示在电路图中,如图3－6所示;

Analysis Setup(分析):在分析电路的过程中,对元件特殊参数的设置,不是所有的元件都有分析设置。

③ Create Subcircuit(创建子电路命令)

子电路是指用户建立的一种单元电路。可以将子电路存放在用户的器件库中,在需要时调用,供电路设计和仿真时使用。该命令用于子电路的创建。

④ Zoom In(放大)、Zoom Out(缩小)命令

可以对电路进行放大或缩小显示。

⑤ Restrictions(约束命令)

运用约束命令,可以对元件和电路分析提出限制条件;其对话框如图3－7所示。其中General(一般性限制)包括电路密码和电路只读属性的约束;Components(元件约束)包括隐藏故障、锁定子电路和隐藏元件参数值等选项;Analysis(分析约束)用于对电路进行各种分析方法的约束性选择。

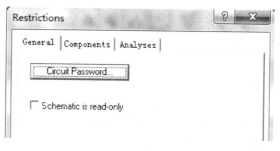

图3－7 限制命令对话框

（4）Analysis(分析)菜单

分析菜单项如图 3-8 所示,这些命令可以分为四大类:启动/停止仿真命令、分析选项命令、各类分析命令、显示图表命令。

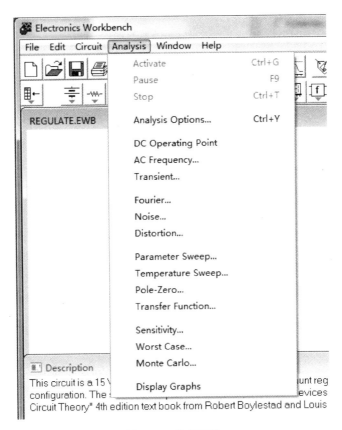

图 3-8　分析菜单

① Activate/Stop(激活/停止命令)

在电路工作区连接电路以后,可以利用激活命令开始仿真实验,或利用停止命令停止仿真实验。

② Pause/Resume(暂停/恢复命令)

运用该命令可以暂停正在仿真的实验,单击恢复命令,可以继续进行电路的仿真实验。

③ Analysis Options(分析选项命令)

分析选项窗口如图 3-9 所示,可以设置各种分析的参数,以满足实际电路的仿真要求。

EWB 还提供了十四种分析工具,其中包括六种基本分析工具:直流分析、交流频率分析、暂态分析、傅里叶分析、噪声分析和失真分析;四种扫描分析工具:参数扫描分析、温度扫描分析、直流和交流灵敏度分析;两种高级分析工具:极点—零点分析和传输函数分析;两种统计分析工具:最坏情况分析和蒙特卡罗分析。关于这些工具的使用方法将在后续章节介绍。

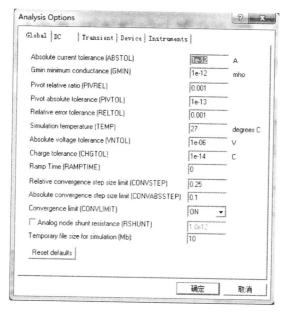

图 3-9　分析选项对话框

④ Display Graphs(显示图表)

显示图表命令是 EWB 软件提供给用户的一种便利的工具。在完成电路的仿真实验后,单击此命令,会弹出分析图表窗口,窗口中显示分析结果的参数或分析结果的图形。

（5）Window(窗口)和 Help(帮助)菜单

这两个菜单的功能与一般的 Windows 应用程序功能相似,此处不再说明。

2. 工具栏

工具栏如上述图 3-1 所示。工具栏从左至右的图标命令为:新建文件、打开文件、保存文件、打印文件,剪切、复制、粘贴,旋转、水平翻转、垂直翻转,创建子电路,显示图表,元件属性,缩小、放大,缩小或放大的比例,帮助。

3. 元器件栏

元器件库栏如上述图 3-1 所示。单击其中不同的图标可以打开不同的元器件库。从元器件库中调用器件的方法是:首先单击元器件库图标,在库中选择所需的元件,将其拖拽至工作区即可。EWB 提供的元器件库,从左至右分别是:用户器件库、各类电源库、基本器件库、二极管库、晶体管库、模拟集成电路库、数模混合电路库、数字集成电路库、数字模块库、各类指示器库、控制器单元库、其他元件库和仪器库。

3.2.3　EWB 的操作方法

1. 创建电路

（1）元器件操作

元件选用:打开元件库栏,移动鼠标到需要的元件图形上,按下左键,将元件符号拖拽到工作区。

元件的移动方式:用鼠标拖拽。

元件的旋转、翻转、复制和删除:用鼠标单击元件符号选定,用相应的菜单项、工具栏按钮或单击右键激活弹出菜单,选定需要的动作。

元器件参数设置:选定该元件,从右键弹出菜单中选 Component Properties 可以设定元器件的标签(Label)、编号(Reference ID)、数值(Value)和模型(Model)参数、故障(Fault)等特性。

（2）导线的操作

主要包括:导线的连接、弯曲导线的调整、导线颜色的改变及连接点的使用。

连接:鼠标指向某元件的端点,出现小圆点后,按下左键并拖拽导线到另一个元件的端点,出现小圆点后松开鼠标左键。

删除和改动:选定该导线,单击鼠标右键,在弹出菜单中选 delete。或者用鼠标将导线的端点拖拽离开它与元件的连接点。

（3）电路图选项的设置

Circuit/Schematic Option 对话框可设置标识、编号、数值、模型参数、节点号等的显示方式及有关栅格(Grid)、显示字体(Fonts)的设置,该设置对整个电路图的显示方式有效。其中节点号是在连接电路时,EWB 自动为每个连接点分配的。

2. 使用仪器

从指示器件库中,选定需要的仪器仪表,用鼠标拖拽到电路工作区中,通过旋转操作可以改变其引出线的方向。双击仪器仪表可以在弹出对话框中设置工作参数。

3.3　Multisim 10 仿真软件介绍

Multisim 10 是加拿大图像交互技术公司(Interactive Image Technologies 简称 IIT 公司)推出的以 Windows 为基础的仿真工具,适用于板级的模拟/数字电路板的设计工作。它包含了电路原理图的图形输入、电路硬件描述语言输入方式,具有丰富的仿真分析能力。

工程师们可以使用 Multisim 10 交互式地搭建电路原理图,并对电路行为进行仿真。Multisim 10 提炼了 SPICE 仿真的复杂内容,工程师无须懂得深入的 SPICE 技术就可以很快地进行捕获、仿真和分析新设计,这也使其更适合电类学科教学。通过 Multisim 10 和虚拟仪器技术,PCB 设计工程师和电类学科教育工作者可以完成从理论到原理图捕获与仿真再到原型设计和测试的一个完整综合设计流程。

3.3.1　Multisim 10 的基本操作

Multisim 10 提供了全面集成化的设计环境,完成从原理图设计输入、电路仿真分析到电路功能测试等工作。当改变电路连接或改变元件参数,对电路进行仿真时,可以清楚地观察到参数变化对电路性能的影响。

1. Multisim 10 基本操作

（1）基本界面

Multisim 10 的基本界面如图 3 - 10 所示,主要由菜单栏、工具栏、元器件栏、仪器仪表栏、状态栏、工作区等构成。

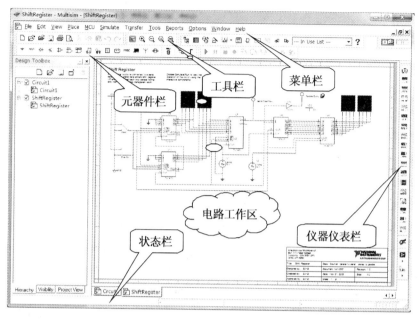

图 3－10　Multisim 10 主界面

（2）界面设置

安装后初次使用 Multisim 10 前，应该对 Multisim 10 基本界面进行设置。设置完成后可以将设置内容保存起来，以后再次打开软件就可以不必再作设置。基本界面设置是通过主菜单中"选项"（Options）的下拉菜单进行的。

① 单击主菜单中"选项"，将出现其下拉菜单，选其中的第一项"Global Preferences"，打开设置对话框如图 3－11 所示，默认打开的"元件"选项下有四栏内容，在"放置元件方式"栏，建议选中"连续放置元件"。设置完成后按"确定"按钮退出。

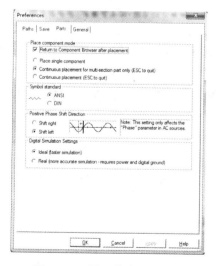

图 3－11　界面首选项对话框

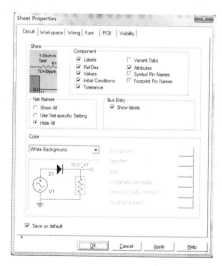

图 3－12　电路图首选项对话框

② 仍在主菜单中"选项"，下拉菜单中，选中其第二项"Sheet Properties"，将出现对话框如图3-12所示，对话框默认打开的是"电路"选项页，它的"网络名字"栏中默认的选项为"全显示"，建议选择"全隐藏"。然后按"确定"按钮退出。

（3）文件基本操作

与Windows常用的文件操作一样，Multisim 10中也有：新建、打开、保存、退出等。这些操作可以在菜单栏"文件"（File）子菜单下选择命令，也可以应用快捷键或工具栏的图标进行快捷操作。

（4）元器件基本操作

元件放入工作区后，可能需要调整元件的方向。常用的元器件编辑功能有：90 Clockwise——顺时针旋转90°、90 Countercw——逆时针旋转90°、Flip Horizontal——水平翻转、Flip Vertical——垂直翻转、Component Properties——元件属性等。图3-13以2N5444器件为例，给出了各种翻转操作的效果。这些操作可以在菜单栏"编辑"（Edit）子菜单下选择命令，也可以应用快捷键进行快捷操作。

图3-13　元件方向调整图

（5）文本编辑

对文本编辑方式有两种：直接在电路工作区输入文字或者在文本描述框输入文字，两种操作方式有所不同。

① 电路工作区输入文字

单击Place/Text命令或使用Ctrl＋T快捷操作，然后用鼠标单击需要输入文字的位置，输入需要的文字。用鼠标指向文字块，单击鼠标右键，在弹出的菜单中选择Color命令，选择需要的颜色，双击文字块，可以随时修改输入的文字。

② 文本描述框输入文字

利用文本描述框输入文字不占用电路窗口，可以对电路的功能、使用说明等进行详细的介绍，可以根据需要修改文字的大小和字体。单击View/ Circuit Description Box命令或使用Ctrl＋D快捷操作，打开电路文本描述框，输入需要说明的文字，可以保存和打印输入的文本。

（6）图纸标题栏编辑

单击Place/Title Block命令，在打开对话框的查找范围处指向Multisim 10/ Titleblocks目录，在该目录下选择"＊.tb7"图纸标题栏模板，放在电路工作区。用鼠标指向文字块，单击鼠标右键，在弹出的菜单中选择Properties命令，如图3-14所示。

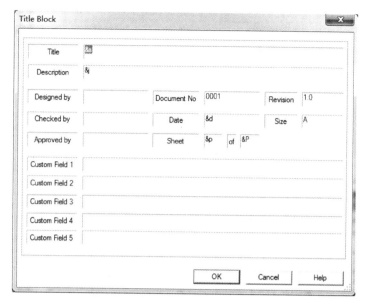

图 3-14　标题块属性对话框

（7）子电路创建

子电路是用户自己建立的一种单元电路。将子电路存放在用户器件库中，可以反复调用并使用子电路。利用子电路可使复杂系统的设计模块化、层次化，可增加设计电路的可读性、提高设计效率、缩短开发周期。创建子电路通常需要经历选择、创建、调用、修改几个步骤，常见操作如下：

① 子电路创建：单击 Place/Replace By Subcircuit 命令，在屏幕出现 Subcircuit Name 的对话框中输入子电路名称 SUBC，单击 OK，选择电路复制到用户器件库，同时给出子电路图标，完成子电路的创建。

② 子电路调用：单击 Place/Subcircuit 命令或使用 Ctrl＋B 快捷操作，输入已创建的子电路名称 SUBC，即可使用该子电路。

③ 子电路修改：双击子电路模块，在出现的对话框中单击 Edit Subcircuit 命令，屏幕显示子电路的电路图，直接修改该电路图。

④ 子电路的输入/输出：为了能对子电路进行外部连接，需要对子电路添加输入/输出。单击 Place/HB/SB Connector 命令或使用 Ctrl＋I 快捷操作，屏幕上出现输入/输出符号，将其与子电路的输入/输出信号端进行连接。带有输入/输出符号的子电路才能与外电路连接。

⑤ 子电路选择：把需要创建的电路放到电子工作平台的电路窗口上，按下鼠标左键，拖动，选定电路。被选择电路的部分由周围的方框标示，完成子电路的选择。

2. Multisim 10 电路创建

（1）元器件

① 选择元器件：在元器件栏中单击要选择的元器件库图标，打开该元器件库。在屏幕出现的元器件库对话框中选择所需的元器件，常用元器件库有十三个：信号源库、基本元件

库、二极管库、晶体管库、模拟器件库、TTL 数字集成电路库、CMOS 数字集成电路库、其他数字器件库、混合器件库、指示器件库、射频器件库、机电器件库、其他器件库等。

　　② 选中元器件:鼠标点击元器件,可选中该元器件。

　　③ 元器件操作:选中元器件,单击鼠标右键,在菜单中出现下列操作命令:剪切、复制、水平翻转、垂直翻转、顺时针旋转 90°、逆时针旋转 90°、设置器件颜色、设置器件参数、帮助信息等。

　　④ 元器件特性参数:双击该元器件,在弹出的元器件特性对话框中,可以设置或编辑元器件的各种特性参数。元器件不同每个选项下将对应不同的参数。

　　(2) 电路图

　　选择菜单 Options 栏下的 Sheet Properties 命令,出现如上述图 3 - 12 所示的对话框,每个选项下又有各自不同的对话内容,用于设置与电路显示方式相关的选项。

　　3. Multisim 10 仪器仪表使用

　　(1) 数字万用表(Multimeter)

　　Multisim 10 提供的万用表外观和操作与实际的万用表相似,可以测电流(A)、电压(V)、电阻(Ω)和分贝值(dB),测直流或交流信号。万用表有正极和负极两个引线端,如图3 - 15 所示。

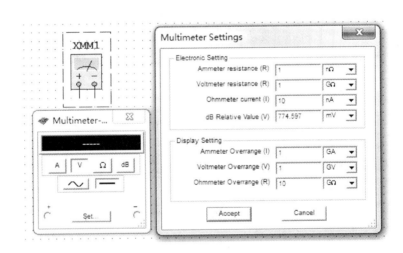

图 3 - 15　数字万用表

　　(2) 函数发生器(Function Generator)

　　Multisim 10 提供的函数发生器可以产生正弦波、三角波和矩形波,信号频率可在 1 Hz 到 999 MHz 范围内调整。信号的幅值以及占空比等参数也可以根据需要进行调节。信号发生器有三个引线端口:负极、正极和公共端,如图 3 - 16 所示。

　　(3) 瓦特表(Wattmeter)

　　Multisim 10 提供的瓦特表用来测量电路的交流或者直流功率,瓦特表有四个引线端口:电压正极和负极、电流正极和负极,如图 3 - 17 所示。

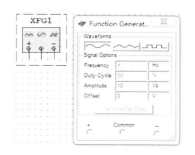

图 3－16　函数发生器

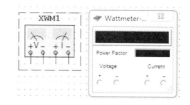

图 3－17　瓦特表

（4）双通道示波器（Oscilloscope）

Multisim 10 提供的双通道示波器与实际的示波器外观和操作基本相同，该示波器可以观察一路或两路信号的波形，分析被测周期信号的幅值和频率，时间基准可在秒直至纳秒范围内调节。示波器图标有四个连接点：A 通道输入、B 通道输入、外触发端 T 和接地端 G，如图 3－18 所示。

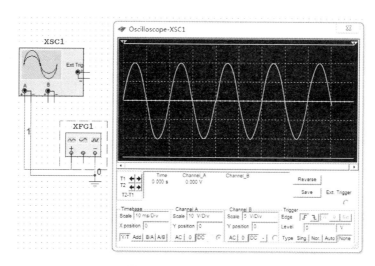

图 3－18　双通道示波器

示波器的控制面板分为四个部分：

① Time base（时间基准）

Scale（量程）：设置显示波形时的 X 轴时间基准。

X position（X 轴位置）：设置 X 轴的起始位置。

显示方式设置有四种：Y/T 方式指的是 X 轴显示时间，Y 轴显示电压值；Add 方式指的是 X 轴显示时间，Y 轴显示 A 通道和 B 通道电压之和；A/B 或 B/A 方式指的是 X 轴和 Y 轴都显示电压值。

② Channel A（通道 A）

Scale（量程）：通道 A 的 Y 轴电压刻度设置。

Y position（Y 轴位置）：设置 Y 轴的起始点位置，起始点为 0 表明 Y 轴和 X 轴重合，起始点为正值表明 Y 轴原点位置向上移，否则向下移。

触发耦合方式：AC(交流耦合)、0(0 耦合)或 DC(直流耦合)。交流耦合只显示交流分量,直流耦合显示直流和交流之和,0 耦合在 Y 轴设置的原点处显示一条直线。

③ Channel B(通道 B)

通道 B 的 Y 轴量程、起始点、耦合方式等项内容的设置与通道 A 相同,这里不再复述。

④ Tigger(触发)

触发方式主要用来设置 X 轴的触发信号、触发电平及边沿等。Edge(边沿)：设置被测信号开始的边沿(设置先显示上升沿或下降沿)。Level(电平)：设置触发信号的电平,使触发信号在某一电平时启动扫描。触发信号选择：Auto(自动)、通道 A 和通道 B 表明用相应的通道信号作为触发信号；Ext 为外触发；Sing 为单脉冲触发；Nor 为一般脉冲触发。

(5) Bode Plotter(波特图仪)

利用波特图仪可以方便地测量和显示电路的频率响应,波特图仪适合于分析滤波电路或电路的频率特性,特别易于观察截止频率。需要连接两路信号,一路是电路输入信号,另一路是电路输出信号,需要在电路的输入端接交流信号。

波特图仪控制面板分为 Magnitude(幅值)或 Phase(相位)的选择、Horizontal(横轴)设置、Vertical(纵轴)设置、显示方式等其他控制信号,面板中的 I 指的是初值,F 指的是终值。在波特图仪的面板上,可以直接设置横轴和纵轴的坐标及其参数。

例如：构造一阶 RC 滤波电路,如图 3-19 所示,输入端加入正弦波信号源,电路输出端与示波器相连,目的是为了观察不同频率的输入信号经过 RC 滤波电路后输出信号的变化情况。

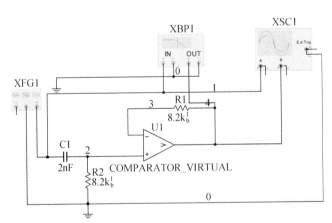

图 3-19　波特图仪使用实例电路图

调整纵轴幅值测试范围的初值 I 和终值 F,调整相频特性纵轴相位范围的初值 I 和终值 F。

打开仿真开关,点击幅频特性在波特图观察窗口可以看到幅频特性曲线,如图 3-20 所示；点击相频特性可以在波特图观察窗口显示相频特性曲线,如图 3-21 所示。

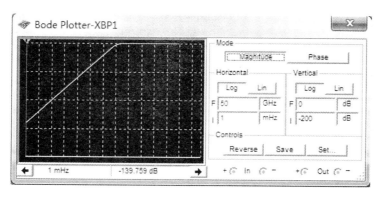

图 3-20 幅频特性图

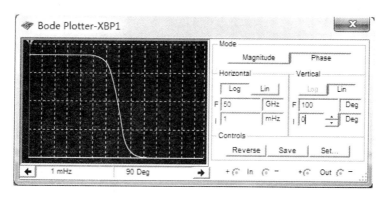

图 3-21 相频特性图

（6）Frequency counter（频率计）

频率计主要用来测量信号的频率、周期、相位，脉冲信号的上升沿和下降沿，频率计的图标、面板以及使用如图 3-22 所示。使用过程中应注意根据输入信号的幅值调整频率计的 Sensitivity（灵敏度）和 Trigger Level（触发电平）。

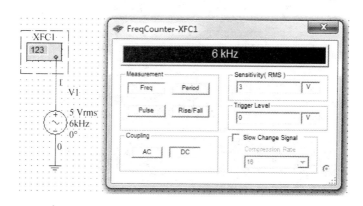

图 3-22 频率计

（7）Word Generator（数字信号发生器）

数字信号发生器是一个通用的数字激励源编辑器，可以多种方式产生 32 位的字符串，在数字电路的测试中应用非常灵活。左侧是控制面板,右侧是字信号发生器的字符窗口。控制面板分为 Controls(控制方式)、Display(显示方式)、Trigger(触发)、Frequency(频率)等几个部分,如图 3-23 所示。

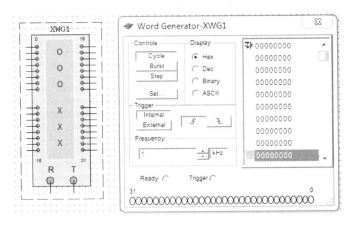

图 3-23　数字信号发生器

(8) Logic Analyzer(逻辑分析仪)

逻辑分析仪面板分上下两个部分,上半部分是显示窗口,下半部分是逻辑分析仪的控制窗口,控制信号有:Stop(停止)、Reset(复位)、Reverse(反相显示)、Clock(时钟)设置和 Trigger(触发)设置。

分析仪提供了 16 路的逻辑分析,用作数字信号的高速采集和时序分析。逻辑分析仪的图标如图 3-24 所示。逻辑分析仪的连接端口有:16 路信号输入端、外接时钟端 C、时钟限制 Q 以及触发限制 T。

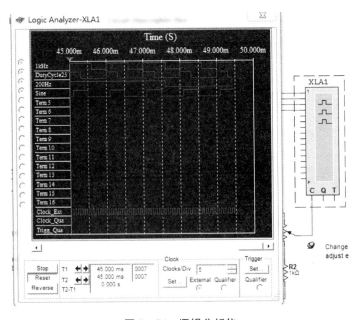

图 3-24　逻辑分析仪

单击 Clock 区的 Set 按钮,将弹出 Clock setup 对话框,用于设置 Clock 时钟,可以配置的项目有:

① Clock rate(时钟频率):1 Hz～100 MHz 范围内选择。

② Sampling Setting(取样点设置):Pre-trigger samples(触发前取样点)、Post-trigger samples(触发后取样点)和 Threshold voltage(开启电压)设置。

点击 Trigger 下的 Set(设置)按钮时,将出现 Trigger Setting(触发设置)对话框。可以配置的项目有:

① Trigger Clock Edge(触发边沿):Positive(上升沿)、Negative(下降沿)、Both(双向触发)。

② Trigger patterns(触发模式):由 A、B、C 定义触发模式,在 Trigger Combination(触发组合)下有 21 种触发组合可以选择。

(9) Logic Converter(逻辑转换器)

Multisim 10 提供的逻辑转换器是一种虚拟仪器,实际中没有这种仪器,逻辑转换器可以在逻辑电路、真值表和逻辑表达式之间进行转换。有 8 路信号输入端,1 路信号输出端,如图 3-25 所示。

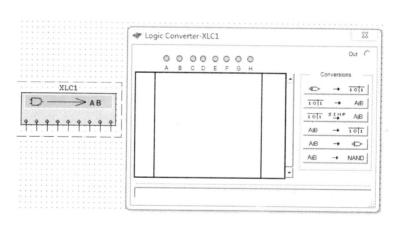

图 3-25　逻辑转换器

六种转换功能依次是:逻辑电路转换为真值表、真值表转换为逻辑表达式、真值表转换为最简逻辑表达式、逻辑表达式转换为真值表、逻辑表达式转换为逻辑电路、逻辑表达式转换为与非门电路。

3.3.2　Multisim 10 的基本分析方法

Multisim 10 提供了多种分析方法。本小节以直流工作点分析、交流分析、瞬态分析、傅里叶分析、失真分析、参数扫描分析等为例介绍 Multisim 10 的基本分析方法。

1. 直流工作点分析

直流工作点分析也称静态工作点分析,电路的直流分析是当电路中电容开路、电感短路时,计算电路的直流工作点,即在恒定激励条件下求电路的稳态值。

在电路工作时,无论是大信号还是小信号,都必须给半导体器件以正确的位置,以便使其工作在所需的区域,这就是直流分析要解决的问题。了解电路的直流工作点,才能进一步分析电路在交流信号作用下能否正常工作。求解电路的直流工作点在电路分析过程中是至关重要的。

(1) 构造电路

为了分析电路的交流信号是否能正常放大,必须了解电路的直流工作点设置的是否合理,所以首先应对电路的直流工作点进行分析。在 Multisim 10 工作区构造一个 Colpitts 振荡电路,电路中电源电压、电阻和电容取值如图 3 - 26 所示。

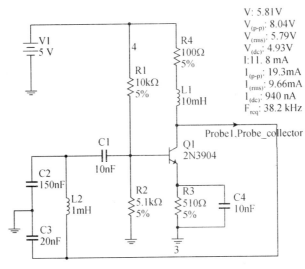

图 3 - 26　直流工作点分析样例电路图

(2) 启动直流工作点分析

执行菜单命令 Simulate/Analyses,在列出的可操作分析类型中选择 DC Operating Point,则出现直流工作点分析配置对话框。如图 3 - 27 所示,该对话框中,主要有 Output 标签、Analysis Options 标签、Summary 标签。

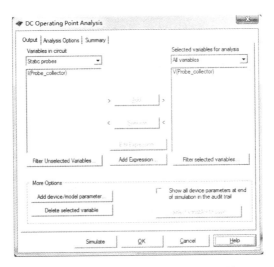

图 3 - 27　直流工作点分析配置对话框

① Output 标签

Output 用于选定需要分析的节点。左边 Variables in circuit 栏内列出电路中各节点电压变量和流过的电流变量。右边 Selected variables for analysis 栏用于存放需要分析节点的相关量。

具体步骤是先在左边 Variables in circuit 栏内中选中需要分析的变量(可以通过鼠标拖拉进行全选),再单击 Add 按钮,相应变量则会出现在 Selected variables for analysis 栏中。如果 Selected variables for analysis 栏中的某个变量不需要分析,则先选中它,然后点击 Remove 按钮,该变量将会回到左边 Variables in circuit 栏中。

② Analysis Options 和 Summary 标签表示:分析的参数设置和 Summary 页中排列了该分析所设置的所有参数和选项。用户通过检查可以确认这些参数的设置。

(3)检查测试结果

点击图 3-27 Simulate 按钮,测试结果如图 3-28 所示。测试结果给出电路各个节点的电压值。根据这些电压的大小,可以确定该电路的静态工作点是否合理。如果不合理,可以改变电路中的某个参数,利用这种方法,也可以观察电路中某个元件参数的改变对电路直流工作点的影响。

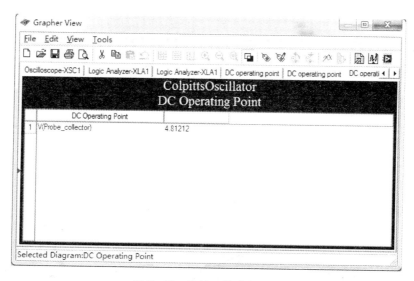

图 3-28　直流工作分析结果

2. 交流分析

交流分析是在正弦小信号工作条件下的一种频域分析。它计算电路的幅频特性和相频特性,是一种线性分析方法。Multisim 10 在进行交流频率分析时,首先分析电路的直流工作点,并在直流工作点处对各个非线性元件做线性化处理,得到线性化的交流小信号等效电路,并用交流小信号等效电路计算电路输出交流信号的变化。在进行交流分析时,电路工作区中自行设置的输入信号将被忽略。也就是说,无论给电路的信号源设置的是三角波还是矩形波,进行交流分析时,都将自动设置为正弦波信号,分析电路随正弦信号频率变化的频率响应曲线。

（1）构造电路

这里采用带通滤波电路作为交流分析对象。电路参数如图 3-29 所示。

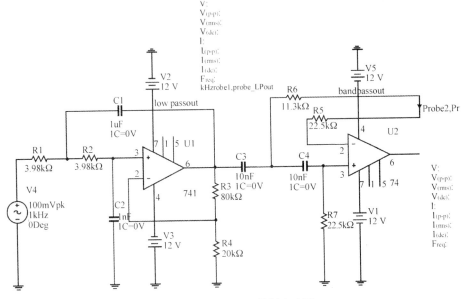

图 3-29　交流分析样例电路图

（2）启动交流分析工具

执行菜单命令 Simulate/Analyses，在列出的可操作分析类型中选择 AC Analysis，则出现交流分析对话框，如图 3-30 所示。

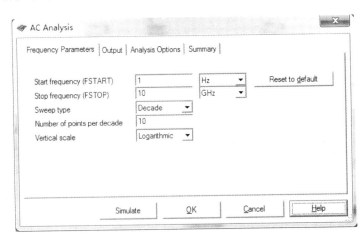

图 3-30　交流分析配置对话框

（3）检查测试结果

电路的交流分析测试曲线如图 3-31 所示，测试结果给出电路的幅频特性曲线和相频特性曲线，幅频特性曲线显示了 Probe_BPout 的电压随频率变化的曲线；相频特性曲线显示了 Probe_BPout 的相位随频率变化的曲线。

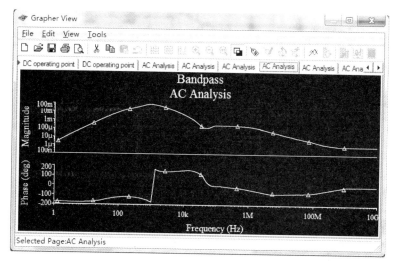

图 3 - 31　交流分析输入结果

3. 瞬态分析

瞬态分析是一种非线性时域分析方法,是在给定输入激励信号时,分析电路输出端的瞬态响应。Multisim 10 在进行瞬态分析时,首先计算电路的初始状态,然后从初始时间起,到某个给定的时间范围内,选择合理的时间步长,计算输出端在每个时间点的输出电压,输出电压由一个完整周期中的各个时间点的电压来决定。启动瞬态分析时,只要定义起始时间和终止时间,Multisim 10 可以自动调节合理的时间步进值,以兼顾分析精度和计算时需要的时间,也可以自行定义时间步长,以满足一些特殊要求。

(1) 构造电路

构造一个可调占空比的分频电路,电路中电源电压、各电阻和电容取值如图 3 - 32 所示。

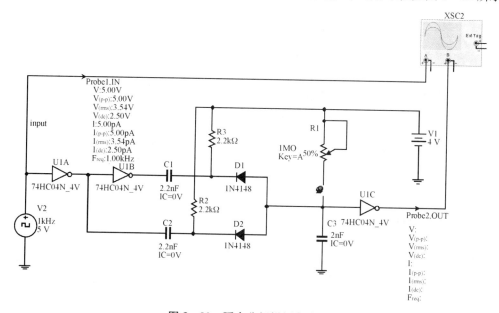

图 3 - 32　瞬态分析样例电路图

（2）启动瞬态分析工具

执行菜单命令 Simulate/Analyses，在列出的可操作分析类型中选择 Transient Analysis，出现瞬态分析配置对话框，如图 3-33 所示。

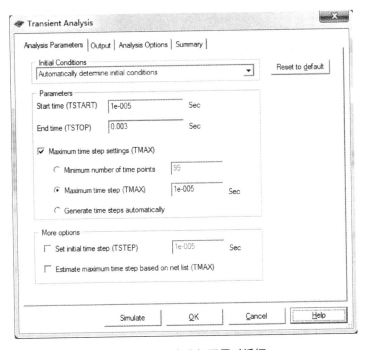

图 3-33　瞬态分析配置对话框

瞬态分析配置对话框中 Analysis Parameters 页的设置项目、单位以及默认值等见表 3-1。

表 3-1　瞬态分析参数明细表

首选项	项目	单位	注　　释
Initial conditions（初始条件）	Set to Zero（设为零）		如果希望初始状态从零起，则选择此项。
	User-defined（用户自定义）		如果希望从用户自己定义的初始状态起，则选此项。
	Calaculate DC operating point（计算静态工作点）		若从静态工作点起始分析，则选择此项。
	Automatically determine initial conditions（系统自动确定初始条件）		Multisim 10 以静态工作点作为分析初始条件，如果分析失败，则使用用户定义的初始条件。
Parameters（参数）	Start time（起始时间）	sec	瞬态分析起始时间必须大于或等于 0，且应小于结束时间。
	End time（结束时间）	sec	瞬态分析的终止时间 必须大于起始时间。
	Maximum time step setting（最大步进时间设置）		如果选中该项，则可以在以下几项中选一项。

（续表）

首选项	项目	单位	注　　释
Parameters（参数）	Minimum number of time points（最小时间点数）		从起始时间至结束时间之间，模拟输出的点数。
	Maximum time step（最大步进时间）	s	模拟的最大时间步长。
	Generate time steps automatically（自动产生步进时间）	s	自动产生时间步长。

（3）检查分析结果

分频电路的瞬态分析曲线如图 3-34 所示。分析曲线给出输入探测点 Probe1_IN 和输出探测点 Probe2_OUT 的电压随时间变化的波形，纵轴坐标是电压，横轴是时间轴。从图 3-34 可以看出输出波形和输入波形的幅值略有差别。

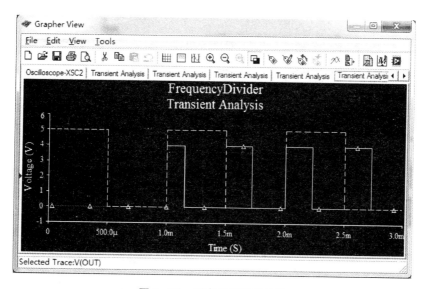

图 3-34　瞬态分析输出结果

4. 傅里叶分析

傅里叶分析是一种分析复杂周期性信号的方法。它将非正弦周期信号分解为一系列正弦波、余弦波和直流分量之和。根据傅里叶级数的数学原理，周期函数 $f(t)$ 可以写为式(3-1)。

$$f(t) = A_0 + A_1 \cos \omega t + A_2 \cos 2\omega t + \cdots + B_1 \sin \omega t + B_2 \sin 2\omega t + \cdots \qquad (3-1)$$

傅里叶分析以图表或图形方式给出信号电压分量的幅值频谱和相位频谱。傅里叶分析同时也计算了信号的总谐波失真(THD)，THD 定义为信号的各次谐波幅度平方和的平方根再除以信号的基波幅度，并以百分数表示，如式(3-2)。

$$THD = \left[\left(\sum_{i=2} U_i^2 \right)^{\frac{1}{2}} / U_1 \right] \times 100\% \qquad (3-2)$$

（1）构造电路

构造一个傅里叶分析电路，电路中电源电压、各电阻和电容取值如图 3‐35 所示。

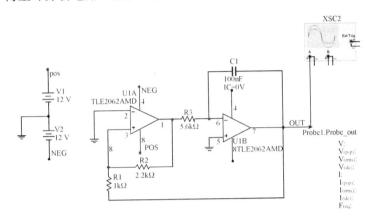

图 3‐35   傅里叶分析样例电路图

（2）启动交流分析工具

执行菜单命令 Simulate/Analyses，在列出的可操作分析类型中选择 Fourier Analysis，则出现傅里叶分析对话框，如图 3‐36 所示。

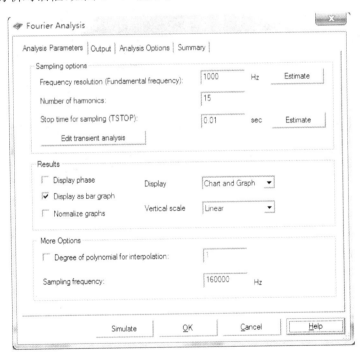

图 3‐36   傅里叶分析配置对话框

傅里叶分析对话框中 Analysis Parameters 页的设置项目及默认值等内容见表 3‐2 所示。

表 3 - 2　傅里叶分析配置明细表

选项	项目	注　释
Sampling options（采样选项）	Frequency resolution（基频）	取交流信号源频率。如果电路中有多个交流信号源，则取各信号源频率的最小公因数。点击 Estimate 按钮，系统将自动设置。
	Number of harmonics（谐波数）	设置需要计算的谐波个数。
	Stop time for sampling（停止采样时间）	设置停止采样时间。如点击 Estimate 按钮，系统将自动设置。
Results	Display phase（相位显示）	如果选中，分析结果则会同时显示相频特性。
	Display as bar graph	如果选中，以线条图形方式显示分析的结果。
	Normalize graphs	如果选中，分析结果则绘出归一化图形。
	Displays（显示）	显示方式选择：可选 Chart（图表）、Graph（图形）或 Chart and Graph（图表和图形）。
	Vertical Scale（纵轴刻度）	纵轴刻度选择：可选 Linear（线性）、logarithmic（对数）、Decibel（分贝）或 Octave（八倍）。

（3）检查分析结果

傅里叶分析结果如图 3 - 37 所示。事实上在 Multisim 10 中傅里叶分析的仿真效果和许多 Multisim 10 中仿真仪器的仿真效果是等同的。傅里叶运算作为最重要的数学工具之一，在 Multisim 10 中也有着广泛的应用。

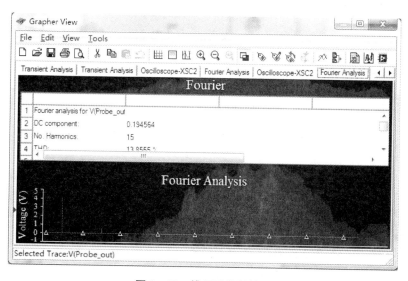

图 3 - 37　傅里叶分析结果

5. 失真分析

失真分析（Distortion Analysis）用于分析电子电路中的非线性失真和相位偏移，通常非线性失真会导致谐波失真，而相位偏移会导致互调失真。Multisim 10 失真分析通常用于分析那些采用瞬态分析不易察觉的微小失真。如果电路有一个交流信号，Multisim 10

的失真分析将计算每点的二次和三次谐波的复变值；如果电路有两个频率(F1,F2,F1＞
F2)不同的交流信号,则分析三个特定频率的复变值,这三个频率分别是：(F1＋F2)、
(F1－F2)、(2F1－F2)。

（1）构造电路

设计一个推挽放大器,电路参数及电路结构如图 3-38 所示。对该电路进行直流工作
点分析后,表明该电路直流工作点设计合理。在电路的输入端加入一个交流电压源作为输
入信号,其幅度为 4 V,频率为 1 kHz。

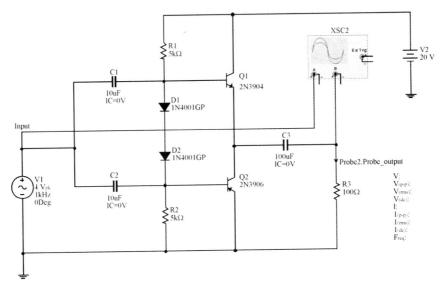

图 3-38　失真分析样例电路图

（2）启动失真分析工具

执行菜单命令 Simulate/Analyses,在列出的可操作分析类型中选择 Distortion
Analysis,则出现失真分析对话框,如图 3-39 所示。

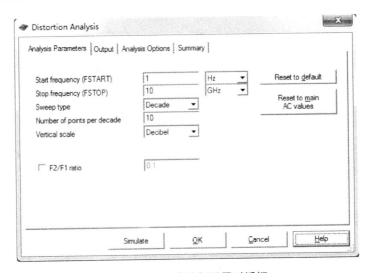

图 3-39　失真分析配置对话框

失真分析对话框中 Analysis Parameters 页的设置项目、单位以及默认值等见表3-3。

表 3-3　失真分析配置明细表

项　　目	默认值	单位	注　　释
Start frequency	1	Hz	设置起始频率
Stop frequency	10	GHz	设置终止频率
Sweep type	Decade		扫描类型可选 Decade、Linear 或 Octave。
Number of points per decade	10		设置每十倍频的采样点数
Vertical scale	Logarithm		垂直刻度可以选 Linear、logarithm、Decibel 或 Octave。
F2/F1 ratio	0.1		选中时,在 F1 扫描期间,F2 设定为该比率乘以起始频率。
Reset to main AC value			按钮将所有设置恢复为默认值。
Reset to default			按钮将所有设置恢复为默认值。

（3）检查分析结果

电路的失真分析结果如图3-40所示。由于该电路只有一个输入信号,因此,失真分析结果给出的是谐波失真幅频特性和相频特性图。

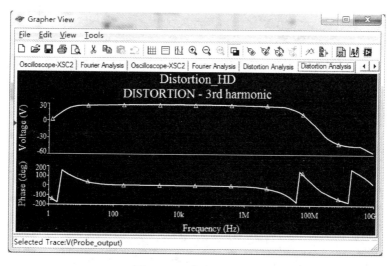

图 3-40　失真分析结果

6. 噪声分析

电路中的电阻和半导体器件在工作时都会产生噪声,噪声无论对通信系统的高频电路,还是低频信号的模拟或数字电路输出信号的质量都有重大的影响。噪声分析就是定量分析电路中噪声的大小。Multisim 10 提供了热噪声、散弹噪声和闪烁噪声等三种不同的噪声模型。噪声分析利用交流小信号等效电路,计算由电阻和半导体器件所产生的噪声总和。假设噪声源互不相关,而且这些噪声值都独立计算,总噪声等于各个噪声源对于特定输出节点的噪声均方根之和。

（1）构造电路

构造反相放大器，如图 3－41 所示。使用该电路分析电阻的温度噪声对电路的影响。

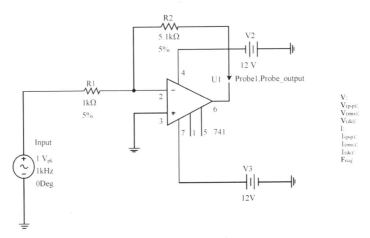

图 3－41　噪声分析样例电路图

（2）启动噪声分析工具

执行菜单命令 Simulate/Analyses，在列出的可操作分析类型中选择 Noise Analysis，则出现噪声分析对话框，如图 3－42 所示。

图 3－42　噪声分析输入输出参数配置对话框

噪声分析对话框中 Analysis Parameters 页的设置项目及其注释等内容见表 3－4。

表 3 - 4　输入输出参数配置明细表

项　目	默认值	注　释
Input noise reference source	电路的输入源	选择交流信号源输入
Output node	电路中的节点	选择输出噪声的节点位置。在该节点计算电路所有元器件产生的噪声电压均方根之和。
Reference node	0	默认值为接地点
Set points per summary	1	选中时,噪声分析时将产生所选元件的噪声轨迹,在右边填入频率步进数。

噪声分析对话框中 Frequency Parameters 页如图 3 - 43 所示。其中设置项目及其注释等见表 3 - 5。

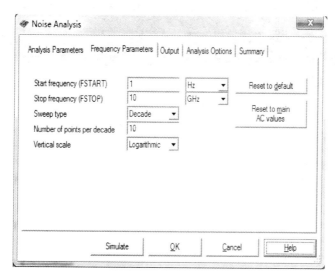

图 3 - 43　噪声分析频率参数配置对话框

表 3 - 5　频率参数配置明细表

项　目	默认值	单位	注　释
Start frequency	1	Hz	设置起始频率
Stop frequency	10	GHz	设置终止频率
Sweep type	Decade		扫描类型可选 Decade、Linear 或 Octave。
Number of points per decade	10		设置每十倍频的采样点数。
Vertical scale	Logarithm		垂直刻度可以选 Linear、logarithm、Decibel 或 Octave。
Reset to main AC values			按钮将所有设置恢复为与交流分析相同的设置值。
Reset to default			按钮将所有设置恢复为默认值。

（3）检查分析结果

噪声分析曲线如图 3-44 所示。其中上面一条曲线是总的输出噪声电压随频率变化曲线，下面一条曲线是等效的输入噪声电压随频率变化曲线。

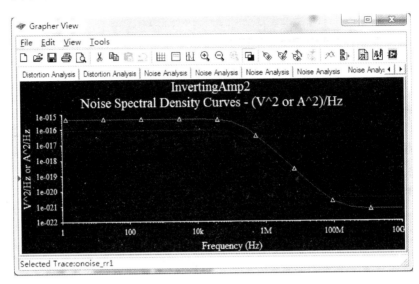

图 3-44　噪声分析输出结果

7. 参数扫描分析（Parameter Sweep Analysis）

参数扫描分析是在用户指定每个参数变化值的情况下，对电路的特性进行分析。参数扫描分析的效果相当于对某个元件的每一个固定参数进行一次仿真分析，然后改变该参数继续分析的结果。

（1）构造电路

构建 Colpitts 震荡电路如图 3-45 所示，着重分析电感 L1 参数变化时对电路的影响。

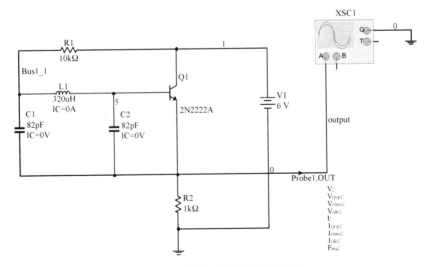

图 3-45　参数扫描分析样例电路图

（2）启动参数扫描分析工具

选择 Simulate/Analysis，在列出的可操作分析类型中选择 Parameter Sweep，则出现参数扫描分析对话框，如图 3-46 所示。其中设置项目及其注释等内容见表 3-6。

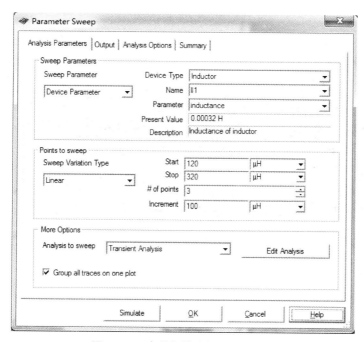

图 3-46　参数扫描分析配置对话框

表 3-6　参数扫描配置明细表

选项框	项目	默认值	注　　释
Swep Parameter	Device Parameter	BJT	可选电路中出现的元件种类（Device），如 Diode、Resistor、Vsource 等，元件序号（Name）以及元件参数（Parameter）
	Model Parameter	BJT	表示选中的是元件模型参数类型，各参数不仅与电路有关，还与 Device Parameter 对应的选项有关
Points to sweep	Decade		确定扫描起始值、终止值及增量步长
	Liner	选中	确定扫描起始值、终止值及增量步长
	Octave		确定扫描起始值、终止值及增量步长
	Lister		列出扫描时的参数值，数字间可用空格、逗点或分号隔开
More Option	DC Operating Point		选中该项，进行直流工作点的参数扫描分析
	Transient Analysis	选中	选中该项，进行瞬态参数扫描分析，可以修改瞬态分析时的参数设置
	AC Frequency Analysis		选中该项，进行交流频率参数扫描分析，可以修改交流频率分析时的参数设置

（3）查看分析结果

电感参数变化时，输出波形的相位、周期都有改变。如图 3-47 所示。

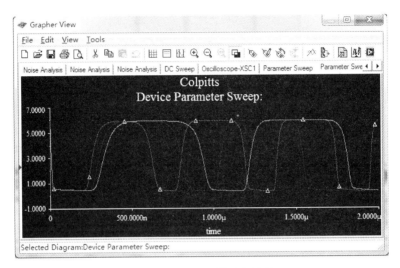

图 3-47   参数扫描分析结果

3.3.3   Multisim 10 的典型应用

1. 基尔霍夫电压定律

基尔霍夫电压定律的内容是：对于集总电路而言，任意时刻，在集总电路中的任意一个回路，沿任一绕行方向所有支路的电压代数和恒等于零。在基尔霍夫电压定律中，需要指定回路的绕行方向作为参考方向。根据基尔霍夫电压定律建立仿真电路如图 3-48 所示。

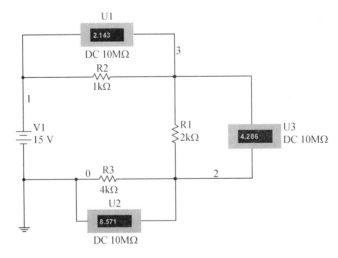

图 3-48   基尔霍夫电压定律实例电路图

图 3-48 所示电路是一个简单的电阻串联电路。从图中可以很明显地看出直流电压表 U_1、U_2 和 U_3 的值分别为 2.143 V、4.286 V 和 8.571 V。不难发现，三个电压表的读数之和等于总电压。位于电压表旁边的数值是其内阻的大小，默认值是 10 MΩ。

2. 电路分析方法的验证

在电路分析中,有时候求解出一只电路的某个节点电压或者某条支路的电流至关重要。在电路分析理论中,结合图论的知识可以采用多种方法进行求解。例如:节点电压法、回路电流法、网孔电流法等。这里只验证最常用的节点电压法。

节点电压法的内容简单概括如下:对电路中所有的独立节点列出基尔霍夫电流定律的方程式组,然后求解。可以想象,当电路的结构比较复杂时,应用节点电压法计算电路的节点电压比较困难。而运用 Multisim 10 的电路仿真功能可以顺利地解决这一问题。

在电路工作区中建立如图 3 - 49 所示的电路。为方便观察图 3 - 49 中的电路的 4 号节点的电压,在其输出端添加了一个直流电压表,从中可以看到节点的直流电压的具体数值。

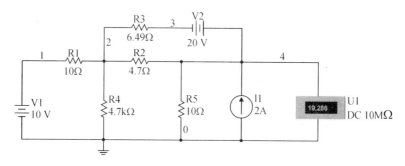

图 3 - 49　节点电压法验证实例

如果想得到其他节点的电压值,可以添加更多的仪表,也可以采用 Multisim 10 提供的分析方法来解决这个问题。

单击 Simulate/Analysis/DC Operating Point Analysis,在弹出的对话框中将图 3 - 49 中的节点 1、节点 2、节点 3 和节点 4 全部列为输出节点,点击 Simulate 键,开始仿真,得到如图 3 - 50 所示的结果。

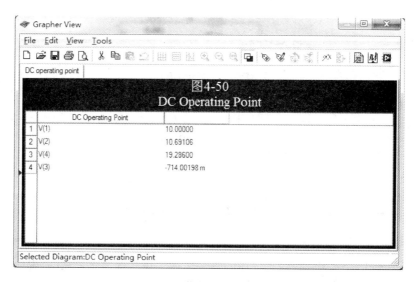

图 3 - 50　节点电压法分析结果

从以上的分析中,可以看到 Multisim 10 的两种电路分析方法:用仪表测量和用软件提供的分析方法分析,其最终结果是一致的,只是在本例中利用 DC Operating Point Analysis 更方便而已。

3. 常用电路定理的验证

在电路分析中,经常用到一些公式或定理来分析电路,在本小节中,选取比较常用的电路定理来进行分析说明。

(1)戴维南定理

戴维南定理是处理一端口网络的常用方法。其内容简要概括为:任何含有独立源、线性电阻以及受端口内部参量控制的受控源,都可以用一个电压源和一个线性电阻的串联支路来替代。这时,电压源的数值等于该一端口网络输出端的开路电压,电阻的数值等于该一端口网络内部全部独立源为零后的等效输入电阻。

在电路工作区中建立电路如图 3-51 所示的电路。现在要确定 R3 之外的戴维南等效模型。

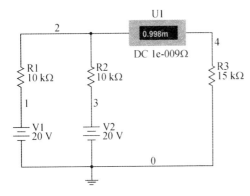

图 3-51　戴维南定理实例电路图

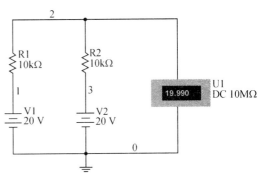

图 3-52　戴维南定理计算开路电压电路图

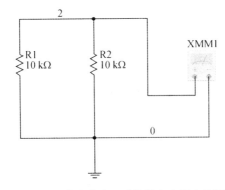

图 3-53　戴维南定理计算输入电阻电路图

图 3-54　万用表读数

计算戴维南等效模型主要有两个步骤:首先计算开路电压;其次计算输入电阻。计算开路电压的电路图如图 3-52 所示,将电压表直接接在节点 0 和节点 2 之间,电压表上显示的数据即为开路电压。计算输入电阻的方法是按照图 3-53 构建电路,单击 Simulate 按钮,开始仿真,得到如图 3-54 所示的结果。该读数就是输入电阻。按照上述方法仿真得到结果，与理论计算所得结果是一致的。

（2）诺顿定理

诺顿定理与戴维南定理比较相似。其内容可以简单地概括为：任何含有独立源、线性电阻以及受端口内部参量控制的受控源的一端口网络都可以用一个电流源和一个线性电阻的并联支路来替代。这时电流源的数值等于该一端口网络输出端的短路电流，电阻的数值等于该一端口网络内部全部独立源置零后的等效输入电阻。

在电路工作区中建立图 3 - 55 所示电路。电路中选用了受控源 V2，这是一个电压控制电压源。在 Multisim 10 中其符号与一般教材稍有不同。在表示受控电压源的菱形符号下方添加了一个电阻来引入控制受控电压源的控制电压。具体连接方式如图 3 - 55 所示，控制电压经下面的电阻引入。

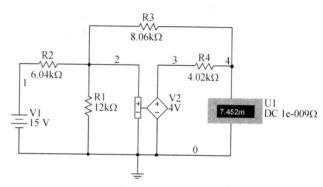

图 3 - 55　诺顿定理实例电路图

双击受控电压源的图标，在弹出的对话框中可以对一些具体系数进行设置。其中，Label、Display、Pins、Variant 4 个选项卡与前面介绍的完全相同。Value 标签项只有 Voltage Gain（电压增益系数）一个设置项。在本例中将具体数值修改为 4，即表示受控电压源两端的电压等于 4 倍的 R3 电阻两端的电压，保持右侧的单位不变。单击"确定"按钮，结束受控电流源的设置。

单击 Simulate 按钮，开始仿真，得到如图 3 - 55 所示的结果。直流电流表的数值与使用诺顿定理计算结果基本一致。

4. Multisim 10 在谐振电路中的应用

在电路分析中，谐振电路一般分为串联谐振电路和并联谐振电路。在这里以简单串联谐振电路为例来简要说明。

在电路窗口中建立如图 3 - 56 所示的电路。该电路由电阻、电容、电感串联而成。由于电容和电感的阻抗随着信号频率的变化而发生变化，因此，串联回路的总的阻抗为 $z(w) = r + j(wL - (1/wC))$。当使串联回路的总阻抗表达式中虚部为零时，所对应的频率值称之为串联谐振频率。通过计算得到图 3 - 56 所示电路的串联谐振频率约为 113 Hz。

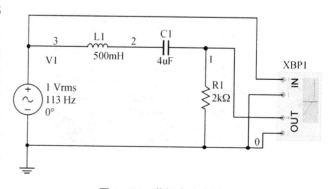

图 3 - 56　谐振电路实例

为便于观测，我们使用 Multisim 10 中的波特图仪来观测仿真结果。单击 Simulate 按钮,开始仿真,得到如图3-57和图3-58所示的幅频响应和相频响应曲线。

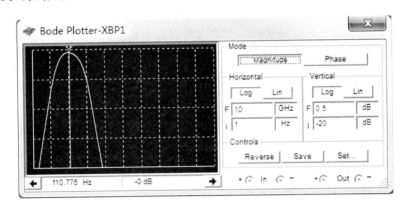

图 3-57 谐振电路幅频曲线

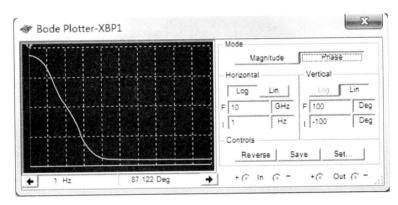

图 3-58 谐振电路相频曲线

在 Multisim 10 中,可以对电路分析的常见现象加以分析和观测。例如:当串联电路发生谐振时,该电路呈现纯阻性,因此改变串联电阻的大小可以调节谐振时的电压和电流。如在上例中发生谐振电阻 R 改为 200 Ω,则幅频响应曲线如图 3-59 所示。

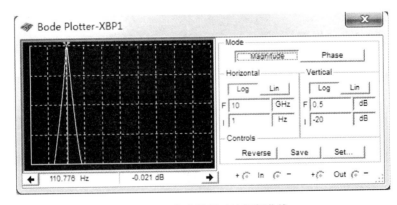

图 3-59 电路谐振时的幅频曲线

在图 3-59 中,由于谐振电阻的减小使串联电路的品质因数变大,所以,谐振电路的选频作用更加明显。从图 3-57 的游标所在位置,我们可以快速地查看谐振频率为 111 Hz 左右,谐振时电压大约为 994 mV 左右,与原电路的理论计算基本一致。

通过图 3 - 57 的游标所在位置,还可以快速地查看其他谐波的幅频响应情况。单击 Simulate/Analysis/Fourier Analysis,在傅里叶分析对话框中将节点 1 设置为输出节点,在 Analysis Parameters 选项卡中,Frequency resolution (Fundamental)项根据波特率图仪的仿真结果设置为 113 Hz,即为谐振频率。并将图 3 - 56 中的交流激励的频率也设置为 113 Hz。

单击 Simulate 按钮,开始仿真,仿真结果如图 3 - 60 所示。

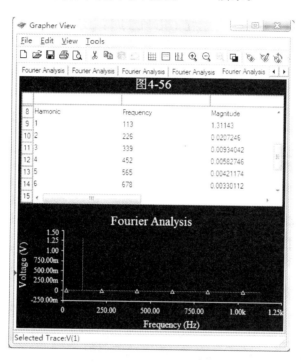

图 3 - 60　谐振电路傅里叶分析结果

从图 3 - 60 中可以看到电路的选频作用,也可以看到其他高次谐波的幅频响应。如果选频作用还不明显,则可以通过减小电阻 R 阻值的方法继续衰减其他谐波的频率响应输出。

本章介绍了研究电路仿真软件的意义,及其发展状况。选择 EWB、Multisim 10 新旧两代产品为分析对象,详细介绍了两个仿真软件的界面、操作方法、分析方法以及应用实例。希望本章内容能引导读者灵活使用仿真软件工具,为后续学习奠定基础。

第二篇　电路基础实验

第4章　直流电路基础实验

4.1　指导性实验

4.1.1　基尔霍夫定律

1. 实验目的

(1) 加深对基尔霍夫定律的理解,用实验数据验证基尔霍夫定律。

(2) 证明电路中电位的相对性与电压的绝对性。

(3) 熟悉电路常用仪器仪表的使用。

2. 实验原理及说明

基尔霍夫定律是电路理论中最基本的定律之一。它阐明了电路整体结构必须遵守的规律,应用极为广泛。

基尔霍夫定律有两条:一是电流定律,另一是电压定律。

(1) 基尔霍夫电流定律(简称 KCL):在任一时刻,流入电路任一节点的电流代数和等于从该节点流出的电流代数和,即在任一时刻,流入到电路任一节点的电流的代数和为零。这一定律实质上是电流连续性的表现。运用这条定律时必须注意电流的方向,如果不知道电流真实方向,可以先假设每个电流的正方向(也称参考方向),根据参考方向就可以写出基尔霍夫电流定律的表达式。如图 4-1 所示为电路中的某一节点 N,共有五条支路与它相连,五个电流的参考方向如图,根据基尔霍夫定律就可以写出:

$$I_1 + I_2 + I_3 - I_4 - I_5 = 0 \qquad (4-1)$$

基尔霍夫电流定律写成一般形式就是 $\sum I = 0$。显然,这条定律与各支路上接的元件性质无关,不论是线性电路还是非线性电路,它是普遍适用的。

电流定律原是运用于某一节点的,我们也可以把它推广运用于电路中任一假设的封闭面,例如图 4-2 所示的封闭面 S 所包围的电路有三条支路与电路其余部分相连接,其电流为 I_1、I_2、I_3,则 $I_1 + I_2 + I_3 = 0$,因为对任一封闭面来说,电流仍然必须是连续的。

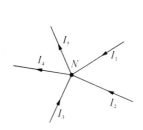
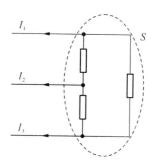

图 4-1　节点的基尔霍夫电流定律验证图　　**图 4-2　闭合面的基尔霍夫电流定律验证图**

（2）基尔霍夫电压定律（简称 KVL）：在任一时刻，沿任一闭合回路各段电压降的代数和等于零。把这一定律写成一般形式即为 $\sum U = 0$。例如在图 4-3 所示的闭合回路中，电阻两端的电压参考正方向如箭头所示，如果从节点 a 出发，顺时针方向绕行一周又回到 a 点，便可写出：

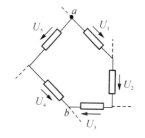

$$U_1 + U_2 + U_3 - U_4 - U_5 = 0 \qquad (4-2)$$

图 4-3　基尔霍夫电压定律验证图

显然，基尔霍夫电压定律也与沿闭合回路上各元件的性质无关，因此，不论是线性电路还是非线性电路都普遍适用。

3. 实验设备

（1）稳压电源、稳流电源（1 台）

（2）直流电路实验单元（1 台）

（3）直流电压、电流表（1 块）

4. 实验内容及步骤

按图 4-4 所示的实验原理图验证基尔霍夫两条定律。

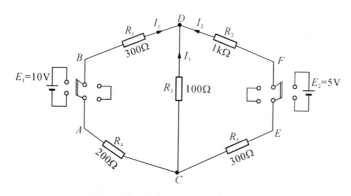

图 4-4　基尔霍夫定律实验电路图

图中 $E_1 = 10 \text{ V}$，$E_2 = 5 \text{ V}$ 为实验台上稳压电源输出电压，实验中调节好后保持不变，R_1、R_2、R_3、R_4、R_5 为固定电阻，精度 1.0 级。在接线时各支路都要串联一个电流插孔，测量电流时只要把电流表所连接的电流插头插入即可读数。用直流电压表测量各支路电压,测量数据记入表 4-1 中。

表 4-1　基尔霍夫定律实验数据记录表

被测量	I_1 (mA)	I_2 (mA)	I_3 (mA)	E_1 (V)	E_2 (V)	U_{BD} (V)	U_{DF} (V)	U_{DC} (V)	U_{EF} (V)	U_{CA} (V)
测量值										
计算值										
相对误差										

5. 预习要求

(1) 复习基尔霍夫定律的主要内容。

(2) 预习直流电路中电源、测量仪表和仪器的使用方法。

6. 实验报告要求

(1) 完成实验测试,数据列表。

(2) 根据基尔霍夫定律及图 4-4 的电路参数计算出各支路电流及电压。

(3) 将计算结果与实验测量结果进行比较,分析误差原因。

【电学名人录】

　　　　　　基尔霍夫(Gustav Robert Kirchhoff,1824~1887),德国物理学家,1847 年提出了恒电路网络中电压与电流关系的两条基本定律。基尔霍夫定律和欧姆定律构成了电路分析理论的基础。

　　　　　　基尔霍夫出生于柯尼斯堡一个律师的家庭。18 岁就读于柯尼斯堡大学,毕业后在柏林大学担任讲师。他与德国化学家罗伯特·本生(Robert Bunsen)在光谱学方面合作,发现了元素铯(1860 年)和元素铷(1861 年)。基尔霍夫辐射定律也为他增添了荣誉。基尔霍夫在工程界、化学界和物理界都是著名的人物。

4.1.2　叠加原理

1. 实验目的

(1) 通过实验验证线性电路的叠加原理及其适用范围。

(2) 学习直流仪器仪表的使用方法。

2. 实验原理及说明

几个电源在某线性网络中共同作用时(可以是几个电压源共同作用,也可以是几个电流源共同作用,或电压源和电流源混合共同作用),它们在电路中任一支路产生的电流或在任意两点间所产生的电压降,等于这些电压源或电流源分别单独作用时,在该部分所产生的电流或电压降的代数和,这一结论称为线性电路的叠加原理。

注意:叠加原理只适用于线性电路,如果网络是非线性的,则叠加原理不适用。

本实验中,先让电压源和电流源分别单独作用,测量各点间的电压和各支路的电流,然后再让电压源和电流源共同作用,测量各点间的电压和各支路的电流,验证是否满足叠加原理。

3. 实验设备

(1) 稳压电源、稳流电源(1 台)

(2) 直流电路实验单元(1 台)

(3) 直流电压、电流表(1 块)

4. 实验内容及步骤

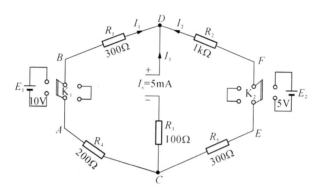

图 4 - 5　叠加定理实验电路图

(1) 按图 4 - 5 接好电路,接线前稳压源、稳流源应全部置零。

(2) 调节稳流源,使电流源输出为 5 mA(在实验中应保持此值不变)。再调稳压源,使其输出电压为 10 V 和 5 V(在实验中也保持此值不变)。

(3) 验证叠加原理,测量各支路两端的电压及各支路电流,将测量数据记入表 4 - 2 中。

注意事项:

① 稳流源不应开路,否则它的端电压会很高。为安全起见,在断开 I_S 前,先用一短线将 I_S 短接,然后断开 I_S。

② 稳压源不应短路,否则电流会过大。实际设备在稳压源短路后会过流保护,复位后重新使用。

表 4 - 2　叠加定理实验数据记录表

项目 条件	U_{AC} (V)	U_{CE} (V)	U_{BD} (V)	U_{DF} (V)	U_{CD} (V)	I_1 (mA)	I_2 (mA)	I_3 (mA)
E_1 单独作用								
E_2 单独作用								
I_S 单独作用								
E_1、E_2、I_S 共同作用								
理论值								

5．预习要求

（1）复习叠加原理的主要内容及适用范围。

（2）预习直流电路中测量仪表仪器的使用方法。

6．实验报告要求

（1）整理实验电路与实验数据、表格。

（2）用叠加原理分别计算本次实验中各电流参数的理论值，并与实验数据相比较，分别计算出各自的相对误差。

（3）试用你所学过的知识来分析误差产生的主要原因。

（4）如将电路中的 1 kΩ 电阻换成一个稳压管，叠加原理还适用吗？为什么？

（5）如电源中含有不可忽略的内电阻与内电导，实验中应如何处理？

【电学名人录】

　　欧姆（Georg Simon Ohm,1787～1854），德国物理学家，1826 年由实验得出最基本的表述电压、电流、电阻三者之间关系的欧姆定律，他的这些工作最初曾不被某些批评者所接受。

　　欧姆出生于巴伐利亚的埃尔兰根，有着艰苦的童年，欧姆一生从事电学的研究，建立了著名的欧姆定律。1841 年，伦敦皇家学院授予他 Copley Medal 奖。1849 年，慕尼黑大学授予他物理学首席教授职位。出于对他的敬意，电阻单位即以欧姆命名。

4.1.3　戴维南定理与诺顿定理

1．实验目的

（1）通过实验验证戴维南定理和诺顿定理。

（2）通过实验验证电压源与电流源相互等效转换的条件。

（3）进一步学习常用直流仪器仪表的使用方法。

2．实验原理及说明

（1）任意一个线性网络，如果只研究其中一条支路的电压和电流，则可将电路的其余部分看作一个含源的二端网络，而任何一个线性含源二端网络对外部电路的作用，可用一个等效电压源来代替，该电压源的电压 U_S 等于这个含源二端网络的开路电压 U_k，其等效内阻 R_S 等于这个含源二端网络中各电源均为零时（电压源短接，电流源断开）对应的无源二端网络的入端电阻 R，这个结论就是戴维南定理。

（2）如果用等效电流源来代替该二端网络，其等效电流 I_S 等于这个含源二端网络的短路电流 I_R，其等效内电阻等于这个含源二端网络中各电源均为零时对应的无源二端网络的入端电阻，这个结论就是诺顿定理。

本实验用图 4-6 所示线性网络来验证以上两个定理。

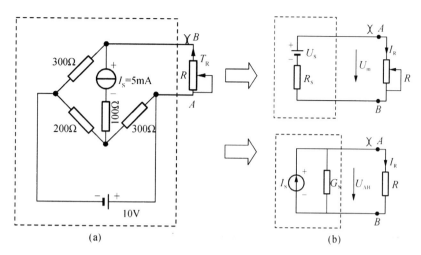

图 4-6　戴维南定理验证实验电路

3. 实验器材

（1）稳压电源、稳流电源（1 台）

（2）直流电路实验单元（1 台）

（3）直流电压、电流表（1 块）

4. 实验内容及步骤

（1）开路电压与短路电流测量

按图 4-6 接线，用开路电压、短路电流法测定戴维南等效电路的 U_{AB}（开路电压）和 I_R（短路电流）。

（2）负载实验

按图 4-6 接线，改变负载电阻 R，测量出 U_{AB} 和 I_R 的数值，特别注意要测出 $R=\infty$ 及 $R=0$ 时的电压和电流。

（3）验证戴维南定理

调节电阻箱的电阻，使其等于 R_S，然后将稳压电源的输出电压 U_S 调到 U_{AB}（开路电压）的大小，并与 R_S 串联，如图 4-6(b)所示，重复测量 U_{AB} 和 I_R 的值，与步骤（2）所测得的数值进行比较，验证戴维南定理的正确性。

（4）验证诺顿定理

用一个电流源 I_S，其大小调到步骤（1）中 R 短路时的电流 I_R（短路电流），并与一个等效电阻 R_S 并联如图 4-6(b)所示，重复测量 U_{AB} 和 I_R 的值，并与步骤（2）所测得的数值进行比较，验证诺顿定理的正确性。

表 4-3　戴维南和诺顿定理开路电压与短路电流实验数据记录表

U_{AB}（开路电压）(V)	I_R（短路电流）(mA)	$R_S=U_{AB}$（开路电压）/I_R（短路电流）（欧姆）

表 4 - 4   戴维南和诺顿定理负载实验数据记录表

R(欧姆)	0	1 k	2 k	5 k	10 k	20 k	40 k	∞
U_{AB}(V)								
I_R(mA)								

表 4 - 5   戴维南定理验证实验数据记录表

R(欧姆)	0	1 k	2 k	5 k	10 k	20 k	40 k	∞
U_{AB}(V)								
I_R(mA)								

表 4 - 6   诺顿定理验证实验数据记录表

R(欧姆)	0	1 k	2 k	5 k	10 k	20 k	40 k	∞
U_{AB}(V)								
I_R(mA)								

5. 预习要求

(1) 复习戴维南定理和诺顿定理。

(2) 预习直流电路中测量仪表和仪器的使用方法。

6. 实验报告要求

(1) 整理测量结果,完成数据列表。

(2) 说明戴维南定理和诺顿定理的使用条件是什么?

(3) 验证戴维南定理和诺顿定理的正确性,并分析误差产生的原因。

(4) 根据步骤(2)所测得开路电压 U_{AB}(开路)和短路电流 I_R(短路),计算有源二端网络的等效内阻,与理论计算的入端电阻 R_{AB} 进行比较。

【电学名人录】

     戴维南(Leon Charles Thevenin,1857～1926),法国电报工程师。他在 1883 年提出戴维南等效公式,并在 1883 年 12 月发表在法国科学院的刊物上。由于早在 1853 年德国人亥姆霍兹也曾提出过,因而又称亥姆霍兹-戴维南定理。戴维南定理与叠加定理共同构成了电路分析的基本工具。

     戴维南出生在法国,1876 年毕业于巴黎综合理工学院。戴维南学完该学院的课程,并在 1914 年成为电报工程师协会的会员。戴维南对通讯电路和系统分析很感兴趣,这种兴趣促使了戴维南定理的提出,戴维南定理有时译为戴维宁定理。

诺顿(Edward Lawry Norton,1898~1983),美国工程师。诺顿于 1926 年在贝尔实验室的一个技术报告中提出了与戴维南定理对偶的定理——诺顿定理。诺顿 1898 生于美国缅因州洛克兰市,1917 至 1919 年在美国海军服役,1922 年取得电机工程系学士学位,1925 年取得了哥伦比亚大学电机工程系硕士学位。诺顿在贝尔实验室的同事说,诺顿是一位机电天才。除了在贝尔实验室的工作外,当时诺顿还参与了 Victor Co. 的电唱机的设计。由于实际工作的需要,激发了诺顿提出他的定理来帮助他设计电唱机。

4.2　引导性实验

4.2.1　叠加定理和戴维南定理

1. 实验目的

(1) 用实验方法验证叠加定理和戴维南定理。

(2) 掌握直流电表(电流、电压表)和直流稳压源、稳流源的使用方法。

2. 实验原理及说明

(1) 在由多个独立电源共同作用的线性电路中,任一支路电流(或电压)都可看作各个电源单独作用在该支路中产生的电流(或电压)的代数和,这就是叠加定理。应当注意的是,叠加定理只适用于电路的电压和电流,不适用于功率。对于不起作用的电源,处理方法是:电压源以短路代替,电流源以开路代替。

(2) 线性电路的齐性定理:在线性电路中,当所有激励(电压源和电流源)都增大(或缩小)到原来的 K 倍(K 为实常数),其响应(电压和电流)也将同样增大(或缩小)到原来的 K 倍。

(3) 戴维南定理:任一个有源二端网络对外电路而言,总可以用一个理想的电压源和电阻的串联模型替代。理想电压源的电压等于该二端网络的开路电压,其电阻等于该有源二端网络对应的无源二端网络(所有独立源置零)的输入电阻,等效过程如图 4-7 所示。

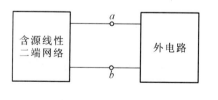
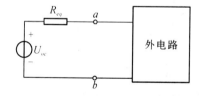

(a) 含源二端网络等效前电路　　　　　　　　(b) 含源二端网络等效后电路

图 4-7　戴维南定理

(4) 有源二端网络等效电阻测量方法:

① 直接测量方法:将被测有源网络内的所有独立源置零(电压源短路代替,电流源开路代替),直接拿万用表的欧姆挡去测量负载 R_L 开路后两端的电阻值,即可得到被测网络的等效电阻 R_{eq}。

② 开路短路法：测出有源二端网络的开路电压 U_{oc} 和短路电流 I_{oc}，则二端网络的等效电阻为 $R_{eq} = U_{oc}/I_{oc}$。

③ 伏安法：测出二端网络的外特性如图 4-8 所示，根据外特性曲线求出二端网络的等效电阻 $R_{eq} = \Delta U/\Delta I = U_{oc}/I_{oc}$。

④ 半电压法：改变负载电阻，当二端网络输出电压为开路电压的一半时，负载电阻即为二端网络的等效电阻。

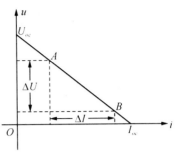

图 4-8　二端网络伏安特性曲线

3. 实验器材

(1) 直流稳压电源单元(1 块)

(2) 可调稳压电源单元(1 块)

(3) 万用表 (1 块)

(4) 直流电压/电流表单元(2 块)

(5) 叠加定理实验电路单元(1 块)

(6) 戴维南定理实验电路单元(1 块)

(7) 直流连接导线(若干)

4. 实验内容及步骤

(1) 叠加定理验证

按图 4-9 接线，E_1 为 +12 V 直流稳压电源，E_2 为可调直流稳压电源（调至 +6 V），测量步骤如下：

① E_1 电源单独作用：将开关 S_1 拨向 E_1 侧，开关 S_2 拨向短路侧，用直流电压表和电流表测量各支路电流及电阻两端的电压，数据记入表 4-7 中。

② E_2 电源单独作用：将开关 S_1 拨向短路侧，开关 S_2 拨向 E_2 侧，重复实验步骤①的测量和数据记录。

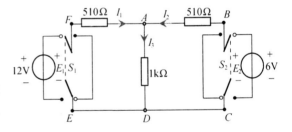

图 4-9　叠加定理验证电路

③ E_1 和 E_2 同时作用：将开关 S_1 和 S_2 分别拨向 E_1 和 E_2 侧，重复实验步骤①的测量和数据记录。

④ $2E_2$ 电源单独作用：将 E_2 调至 +12 V，开关 S_2 拨向 E_2 侧，开关 S_1 拨向短路侧，重复实验步骤②的测量和数据记录。

表 4-7　叠加定理验证数据记录表

条件 测量值	E_1 (V)	E_2 (V)	I_1 (mA)	I_2 (mA)	I_3 (mA)	U_{AB} (V)	U_{CD} (V)	U_{AD} (V)	U_{DE} (V)	U_{FA} (V)
E_1 单独作用										
E_2 单独作用										

续表

条　件 测量值	E_1 (V)	E_2 (V)	I_1 (mA)	I_2 (mA)	I_3 (mA)	U_{AB} (V)	U_{CD} (V)	U_{AD} (V)	U_{DE} (V)	U_{FA} (V)
E_1、E_2 共同作用										
$2E_2$ 单独 作用										

注意事项:

① 直流稳压电源的输出端禁止短路。

② 接线时注意电压源、电流源的正负极性不要接错;用电流表测量各支路电流时,应注意电流表的极性,即数据表格中"+、-"号的记录。

③ 注意及时更换电压表和电流表的量程。

(2) 戴维南定理验证

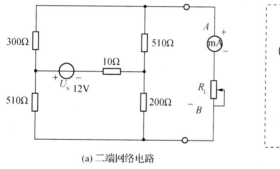
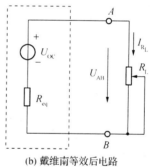

(a) 二端网络电路　　　　　　　　(b) 戴维南等效后电路

图 4-10　戴维南定理验证电路

① 按图 4-10(a) 接线,使 U_S=12 V。改变负载电阻 R_L,对应不同的负载 R_L,分别测出 U_{AB} 和 I_{R_L} 值,记入表 4-8 中。

表 4-8　等效前有源二端网络测试数据记录表

$R_L(\Omega)$	0	200	400	600	1000	2000	∞
U_{AB}(V)							
I_{R_L}(mA)							

② 将图 4-10(a) 中负载电阻 R_L 所在支路开路,测其开路电压 U_{oc} 记入表 4-8。

③ 将负载电阻 R_L 从原电路中移除,并将电源置零(电流源开路代替、电压源短路代替),用万用表测出 A、B 之间的等效电阻 R_{eq}。

注:如果没有万用表可用计算的方法算出等效电阻 R_{eq} 的阻值。 即:

$$R_{eq}=\frac{U_{oc}}{I_{oc}}$$

④ 计算出戴维南等效电路后,按图 4-10(b) 接线(电路元器件在直流实验箱的多功能

实验网络区找到),然后接上相同的负载电阻 R_L,测量 U_{AB} 和 I_{R_L},记入表 4-9。

表 4-9　等效后有源二端网络测试数据记录表

$R_L(\Omega)$	0	200	400	600	1 000	2 000	∞
$U_{AB}(V)$							
$I_{R_L}(mA)$							

5. 预习要求

(1) 复习叠加原理和戴维南定理的主要内容。

(2) 预习直流稳压源、稳流源的使用方法。

(3) 预习直流电压表、电流表的使用方法。

6. 实验报告要求

(1) 整理实验电路和实验数据、表格。

(2) 用叠加定理和戴维南定理分别计算出本次实验中各电流参数的理论值,并与实验数据相比较,分别计算出各自的相对误差。

(3) 试用你所学过的知识来分析误差所产生的主要原因。

(4) 求含源二端网络的戴维南等效电阻 R_{eq} 时,如何理解"原网络中所有独立电源置为零值"? 实验中独立源置零如何操作?

【电学名人录】

赫兹(全名为 Heinrich Rudorf Hertz,1857~1894)　德国物理学家,他证明了电磁波遵守与光相同的基本定律。他的研究证实了 James Clerk Maxwell 1864 年提出的著名理论和对电磁波存在的预测。赫兹出生在德国汉堡的一个富裕家庭,进入柏林大学学习并在著名物理学家亥姆霍兹指导下完成了博士学位。1885 年他成为 Kalsruhe 大学的教授,开始对电磁波的研究和探索,他成功地发现并检测到了电磁波。他第一个提出了光是一种电磁能量。1877 年,赫兹首先发现了分子结构中电子的光电效应。赫兹虽然只活到了 37 岁,但他对电磁波的发现奠定了无线电、电视、通信系统等方面实际应用的基础,频率的单位(赫兹)就是以他的名字命名的。

4.2.2　最大功率传输定理

1. 实验目的

(1) 掌握负载获得最大功率的条件,验证最大功率传输定理。

(2) 了解电源输出功率与效率的关系。

2. 实验原理及说明

(1) 最大功率传输定理

由戴维南定理知:任意一个有源二端网络总可以等效成一个理想电压源和一个电阻的串联组合。该理想电压源的电压等于该二端网络的开路电压,该电阻等于该有源二端网络对应的无源二端网络(所有独立源置零)的输入电阻。等效电路如图 4-11 所示。

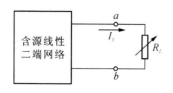
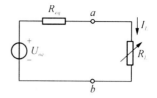

(a) 含源二端网络等效前电路　　　(b) 含源二端网络戴维南等效电路

图 4 – 11　戴维南等效电路

负载 R_L 从电路中获得功率为：

$$P_L = I_L^2 R_L = \left(\frac{U_{oc}}{R_L + R_{eq}} \right)^2 R_L = \frac{U_{oc}^2}{(R_L + R_{eq})^2} \times R_L \qquad (4-3)$$

在式(4-3)中，U_{oc} 和 R_{eq} 为已知量，P_L 是 R_L 的函数，当 $\mathrm{d}P_L / R_L = 0$ 时，P_L 获得最大值。

$$\frac{\mathrm{d}P_L}{\mathrm{d}R_L} = \frac{(R_L + R_{eq})^2 - R_L \cdot 2(R_L + R_{eq})}{(R_L + R_{eq})^4} \times U_{oc}^2 = 0 \qquad (4-4)$$

求解式(4-4)得：$R_L = R_{eq}$

即当：$R_L = R_{eq}$ 时，P_L 获得最大值，最大值为：

$$P_{L\max} = \frac{U_{oc}^2}{(R_{eq} + R_{eq})^2} \times R_{eq} = \frac{U_{oc}^2}{4R_{eq}} \qquad (4-5)$$

此时称电路处于"匹配"工作状态。

(2) 负载获得最大功率与电源传输效率

在图 4-11(b)所示电路中，当负载获得最大功率时，电压源 U_{oc} 传输效率为 50%；在图 4-11(a)所示电路中，电源传输效率定义为：

$$\eta = \frac{P_2}{P_1} \times 100\% = \frac{P_2}{P_2 + \Delta P} \times 100\% \qquad (4-6)$$

在式(4-6)中，P_2 为负载获得的功率，P_1 为电源发出的功率，ΔP 为线路损耗功率。显然，当负载相同时图 4-11(a)和图 4-11(b)所示电路中电源效率不一样；并且当负载 $R_L = R_{eq}$ 时，电源传输效率并不是最大。

通常在通信系统中，往往关心的是负载何时从电路中获得最大功率；而在电力系统中，常常关注的是线路传输效率何时最大，要求损耗越小越好。

3. 实验器材

(1) DG-3-03 型直流可调稳压/固定电源单元(1 块)

(2) DG-3-02 型直流可调稳压/稳流电源单元(1 块)

(3) DL-1 型电路原理实验箱(1 只)

(4) DG-3-10A 型直流电压/电流表单元(1 块)

(5) DG-3 型可调电阻单元(2 块)

(6) 直流连接导线(若干)

4. 实验内容及步骤

（1）最大功率传输定理的验证

按图 4-12 接线并按以下步骤进行测量（$U_s = 20$ V，$R = 100$ Ω）。

把直流电压源调至 20 V，电阻箱调至 100 Ω，改变负载电阻测量负载两端电压和流过负载电阻的电流，并记入表 4-10。

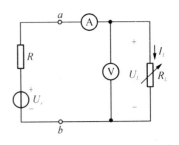

图 4-12　最大功率传输定理实验电路

表 4-10　最大功率传输定理测试记录表

R_L(Ω)	0	60	80	90	100	110	120	140	150	∞
U_L(V)										
I_L(mA)										
P_L(mW)										
η										

（2）设计一个线性含源二端网络，测量该二端网络的外特性，并验证最大功率传输定理。

注意事项：

① 直流稳压电源的输出端禁止短路。

② 接线时注意电压源、电流源的正负极性不要接错；测量电流时，电流表极性不要接错。

③ 设计线性含源二端网络选取元器件时，不仅仅只考虑原件阻值大小还应考虑其最大功率。

5. 预习要求

（1）复习最大功率传输定理。

（2）预习直流稳压源、稳流源的使用方法。

（3）预习直流电压表、电流表的使用方法。

6. 实验报告要求

（1）整理实验电路和实验数据、表格。

（2）电源电压的变化对最大功率传输的条件是否有影响？

（3）用诺顿定理进行等效，最大功率传输定理的条件和结论又如何？

【电学名人录】

伏特　（Count Alessandro Giuseppe Antonio Anastasio Volta，1745～1827）意大利物理学家，出生于意大利科莫一个富有的天主教家庭里。伏特所受的教育主要是拉丁文、语言学和文学。伏特年轻时期就开始应用他的理论制造各种有独创性的仪器，对电量、电量或张力、电容以及关系式 $Q = CU$ 都有明确的了解。1769 年发表第一篇科学论文。

伏特制造仪器的一个杰出例子是起电盘。这一发明是非常精巧的，后来发展成为一系列静电起电机。为了定量地测定电量，伏特设计了一种静电计，这就是各种绝对电计的鼻祖,它能够以可重复的方式测量电势差。

伏特的兴趣并不只限于电学。他通过观察马焦雷湖附近沼泽地冒出的气泡,发现了沼气。他把对化学和电学的兴趣结合起来,制成了一种称为气体燃化的仪器,可以用电火花点燃一个封闭容器内的气体。

1800 年 3 月 20 日他宣布发明了伏达电堆,这是历史上的神奇发明之一。这一发明立即引起所有物理学家的欢呼。1801 年他去巴黎,在法国科学院表演了他的实验。电堆能产生连续的电流,它的强度的数量级比从静电电机能得到的电流大,因此开始了一场真正的科学革命。为了纪念他,人们将电动势单位取名伏特,用"V"表示。

4.3　设计性实验

实验教学的目的是提高学生分析和解决实际问题的能力、培养他们的创新意识、创造性思维习惯和创新人格。设计性实验可以使学生真正成为实验的主体,能够充分调动学生做实验的积极性、主动性,有利于创新精神的培养和个性发展。本节针对电路分析中的现象和理论,提出设计要求,启发学生进行电路设计。

4.3.1　二端口网络参数的测量

1. 实验目的

(1) 理解无源线性二端口网络参数的含义。

(2) 掌握无源线性二端口网络参数的测量方法。

(3) 分析二端口网络在有载情况下的特性。

2. 实验原理及说明

(1) 无源线性二端口网络

一个电路向外引出四个端子,如图 4-13 所示,若任意时刻,从端子 1 流入网络的电流等于从端子 1′ 流出的电流,从端子 2 流入网络的电流等于从端子 2′ 流出的电流,则称该网络为二端口网络。对于网络中既无独立电源、又无受控源,只含有线性电阻、电感和电容元件的网络称为无源线性二端口网络。

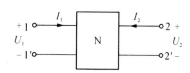

图 4-13　无源线性二端口网络

(2) 无源线性二端口网络参数及测量

可以用网络参数来表征二端口的特性,这些参数只取决于二端口网络内部的元件和结构,而与激励无关。无源线性二端口网络的常用参数有 Y 参数、Z 参数、T 参数、H 参数等。下面介绍 Y 参数、Z 参数。

① Y 参数方程和 Y 参数测量

Y 参数方程为如式(4-7)所示。

$$I_1 = Y_{11}U_1 + Y_{12}U_2$$
$$I_2 = Y_{21}U_1 + Y_{22}U_2$$

(4-7)

Y 参数又称短路参数,测量方法如图 4-14 所示,首先将输出端口短接,输入端口接入

电压源 U_1，分别测量电压 I_1、I_2；然后将输入端口短接，输出端口接入电源 U_2，分别测量电压 I_1、I_2；最后按照公式(4-8)计算 Y 参数。

$$Y_{11} = \frac{I_1}{U_1}\bigg|_{U_2=0}, \quad Y_{21} = \frac{I_2}{U_1}\bigg|_{U_2=0}, \quad Y_{12} = \frac{I_1}{U_2}\bigg|_{U_1=0}, \quad Y_{22} = \frac{I_2}{U_2}\bigg|_{U_1=0} \quad (4-8)$$

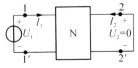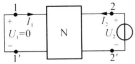

图 4-14　无源线性二端口网络 Y 参数测量

② Z 参数方程和 Z 参数测量

Z 参数方程如式(4-9)所示。

$$U_1 = Z_{11}I_1 + Z_{12}I_2$$
$$U_2 = Z_{21}I_1 + Z_{22}I_2 \quad (4-9)$$

Z 参数又称开路参数，测量方法如图 4-15 所示，首先将输出端口开路，输入端口接入电流源 I_1，分别测量电压 U_1、U_2；然后将输入端口开路，输出端口接入电流源 I_2，分别测量电压 U_1、U_2；最后按照公式(4-10)计算 Z 参数。

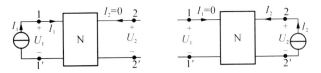

图 4-15　无源线性二端口网络 Z 参数测量

$$Z_{11} = \frac{U_1}{I_1}\bigg|_{I_2=0}, \quad Z_{21} = \frac{U_2}{I_1}\bigg|_{I_2=0}, \quad Z_{12} = \frac{U_1}{I_2}\bigg|_{I_1=0}, \quad Z_{22} = \frac{U_2}{I_2}\bigg|_{I_1=0} \quad (4-10)$$

3. 实验器材

无源线性二端口网络参数测量实验仪器如表 4-11 所示。

表 4-11　无源线性二端口网络参数测量实验仪器表

类别	名称	型号规格	数量	备注
实际测量仪器	数字电源	略	1	
	可变电阻箱	略	4	
	万用表	略	1	
仿真测试仪器	理想电压源、电流源	略	各1	
	电阻	略	若干	
	电压表、电流表	略	各1	

4．实验内容及步骤

（1）实践操作实验

① 设计无源线性二端口网络，读者可以设计多种不同结构的网络，如 Ⅱ 型网、T 型网等。

② 连接测量仪器。

③ 闭合电键，记录测量数据，填写表 4 - 12。

④ 计算 Z 参数、Y 参数。

（2）虚拟仿真实验

① 在 Multisim 10 环境下，设计无源线性二端口网络。

② 连接电源和测量设备。

③ 点击仿真按钮，记录仿真数据，填写表 4 - 12。

表 4 - 12　无源线性二端口网络参数测量记录表

项目	条件值或测量值				计算值	
Y 参数	$U_1=$	$U_2=0$	$I_1=$	$I_2=$	$Y_{11}=$	$Y_{12}=$
	$U_1=0$	$U_2=$	$I_1=$	$I_2=$	$Y_{21}=$	$Y_{22}=$
Z 参数	$U_1=$	$U_2=$	$I_1=$	$I_2=0$	$Z_{11}=$	$Z_{12}=$
	$U_1=$	$U_2=$	$I_1=0$	$I_2=$	$Z_{21}=$	$Z_{22}=$

④ 计算 Z 参数、Y 参数。

5．预习要求

（1）复习二端口网络参数的定义与特点。

（2）熟悉二端口网络参数的测试方法。

6．实验报告

（1）判断实验内容中测得的结果是否满足二端口网络互易的条件。

（2）由 Y 参数、Z 参数计算出 T 参数、H 参数。

【电路新发展】

自 20 世纪初真空电子管被发明，至今已经历了五代发展过程。集成电路（IC）的诞生，使电子技术出现了划时代的革命，它是现代电子技术和计算机发展的基础，也是微电子技术发展的标志。

集成电路规模的划分，目前在国际上尚无严格、确切的定义。在发展过程中，人们逐渐形成一种似乎比较一致的划分意见，按芯片上所含逻辑门电路或晶体管的个数作为划分标志。一般人们将单块芯片上包含 100 个元件或 10 个逻辑门以下的集成电路称为小规模集成电路；而将元件数在 100 个以上、1 000 个以下，或逻辑门在 10 个以上、100 个以下的称为中规模集成电路；门数有 100 ～ 100 000 个元件的称大规模集成电路（LSI），门数超过 5 000 个，或元件数高于 10 万个的则称超大规模集成电路（VLSI）。

电路集成化的最初设想是在晶体管兴起不久的 1952 年，由英国科学家达默提出的。他设想按照电子线路的要求,将一个线路所包含的晶体管和二极管,以及其他必要的元件通通集合在一块半导体晶片上,从而构成一块具有预定功能的电路。

1958 年,美国德克萨斯仪器公司的工程师基尔比按照上述设想,制成了世界上第一块集成电路。他使用一根半导体单晶硅制成了相移振荡器,这个振荡器所包含的四个元器件已不需要用金属导线相连,硅棒本身既用为电子元器件的材料,又构成使它们之间相连的通路。

同年,另一家美国著名的仙童电子公司也宣称研制成功集成电路。由该公司赫尔尼等人所发明的一整套制作微型晶体管的新工艺——“平面工艺”被移用到集成电路的制作中,使集成电路很快从实验室研制试验阶段转入工业生产阶段。

1959 年,德克萨斯仪器公司首先宣布建成世界上第一条集成电路生产线。1962 年,世界上出现了第一块集成电路正式商品。这预示着第三代电子器件已正式登上电子学舞台。

不久后,世界范围内掀起了集成电路的研制热潮。早期的典型硅芯片为 $1.25\ mm^2$。60 年代初,国际上出现的集成电路产品,每个硅片上的元件数在 100 个左右;1967 年已达到 1 000 个晶体管,这标志着大规模集成阶段的开端;到 1976 年,发展到一个芯片上可集成 1 万多个晶体管;进入 80 年代以来,一块硅片上有几万个晶体管的大规模集成电路已经很普遍了,并且正在向超大规模集成电路发展。如今,已出现属于第五代的产品,在不到 $50\ mm^2$ 的硅芯片上集成的晶体管数激增到 200 万只以上。

目前,以集成电路为核心的电子信息产业超过了以汽车、石油、钢铁为代表的传统工业成为第一大产业,成为改造和拉动传统产业迈向数字时代的强大引擎和雄厚基石。1999 年全球集成电路的销售额为 1 250 亿美元,而以集成电路为核心的电子信息产业的世界贸易总额约占世界 GNP 的 3%,现代经济发展的数据表明,每 1~2 元的集成电路产值,带动了 10 元左右电子工业产值的形成,进而带动了 100 元 GDP 的增长。目前,发达国家国民经济总产值增长部分的 65% 与集成电路相关;美国国防预算中的电子含量已占据了半壁江山(2001 年为 43.6%)。预计未来 10 年内,世界集成电路销售额将以年平均 15% 的速度增长。作为当今世界经济竞争的焦点,拥有自主版权的集成电路已日益成为经济发展的命脉、社会进步的基础、国际竞争的筹码和国家安全的保障。

集成电路的集成度和产品性能每 18 个月增加一倍。据专家预测,今后二十年左右,集成电路技术及其产品仍将遵循这一规律发展。

集成电路最重要的生产过程包括:开发 EDA(电子设计自动化)工具,利用 EDA 进行集成电路设计,根据设计结果在硅圆片上加工芯片(主要流程为薄膜制造、曝光和刻蚀),对加工完毕的芯片进行测试,为芯片进行封装,最后经应用开发将其装备到整机系统上最终与消费者见面。

20 世纪 80 年代中期我国集成电路的加工水平为 $5\ \mu m$,其后,经历了 $3\ \mu m$、$1\ \mu m$、$0.8\ \mu m$、$0.5\ \mu m$、$0.35\ \mu m$ 的发展,目前达到了 $0.18\ \mu m$ 的水平,而当前国际水平为 $0.09\ \mu m(90\ nm)$,我国与之相差约为 2~3 代。

集成电路的研究与发展主要体现在以下几个方面:

(1) 设计工具与设计方法。随着集成电路复杂程度的不断提高,单个芯片容纳器件的数量急剧增加,其设计工具也由最初的手工绘制转为计算机辅助设计(CAD),相应的设计工具根据市场需求迅速发展,出现了专门的 EDA 工具供应商。目前,EDA 主要市场份额为美国的 Cadence、Synopsys 和 Mentor 等少数企业所垄断。中国华大集成电路设计中心是国内唯一一家 EDA 开发和产品供应商。

由于整机系统不断朝着轻、薄、小的方向发展,集成电路结构也由简单功能转向具备更多和更为复杂的功能,如彩电由五片机到三片机直到现在的单片机,手机用集成电路也经历了由多片到单片的变化。目前,SOC 作为系统级集成电路,能在单一硅芯片上实现信号采集、转换、存储、处理和 I/O 等功能,将数字电路、存储器、MPU、MCU、DSP 等集成在一块芯片上实现一个完整系统的功能。它的制造主要涉及深亚微米技术,特殊电路的工艺兼容技术,设计方法的研究,嵌入式 IP 核设计技术,测试策略和可测性技术,软硬件协同设计技术和安全保密技术。SOC 以 IP 复用为基础,把已优化的子系统甚至系统级模块纳入到新的系统设计之中,实现了集成电路设计能力的第四次飞跃。

（2）制造工艺与相关设备。集成电路加工制造是一项与专用设备密切相关的技术，俗称"一代设备，一代工艺，一代产品"。在集成电路制造技术中，最关键的是薄膜生成技术和光刻技术。光刻技术的主要设备是曝光机和刻蚀机，目前在 130 nm 的节点是以 193 nm DUV(Deep Ultraviolet Lithography)或是以光学延展的 248 nm DUV 为主要技术，而在 100 nm 的节点上则有多种选择：157 nm DIJV、光学延展的 193 nm DLV 和 NGL。在 70 nm 的节点则使用光学延展的 157 nm DIJV 技术或者选择 NGL 技术。到了 35 nm 的节点范围以下，将是 NGL 所主宰的时代，需要在 EUV 和 EPL 之间做出选择。此外，作为新一代的光刻技术，X 射线和离子投影光刻技术也在研究之中。

（3）测试。由于系统芯片(SOC)的测试成本几乎占芯片成本的一半，因此未来集成电路测试面临的最大挑战是如何降低测试成本。结构测试和内置自测试可大大缩短测试开发时间和降低测试费用。另一种降低测试成本的测试方式是采用基于故障的测试。在广泛采用将不同的 IP 核集成在一起的情况下，还需解决时钟异步测试问题。另一个要解决的问题是提高模拟电路的测试速度。

（4）封装。电子产品向便携式/小型化、网络化和多媒体化方向发展的市场需求对电路组装技术提出了苛刻需求，集成电路封装技术正在朝以下方向发展：

① 裸芯片技术。主要有 COB(Chip OIL Board)技术和 Flip Chip(倒装片)技术两种形式。

② 微组装技术。是在高密度多层互连基板上，采用微焊接和封装工艺组装各种微型化片式元器件和半导体集成电路芯片，形成高密度、高速度、高可靠的三维立体结构的高级微电子组件的技术，其代表产品为多芯片组件(MCM)。

③ 圆片级封装。其主要特点是：器件的外引出端和包封体在已经过前工序的硅圆片上完成，然后将这类圆片直接切割分离成单个独立器件。

④ 无焊内建层(Bumpless Build-Up Layer，BBUL)技术。该技术能使 CPU 内集成的晶体管数量达到十亿个，并且在高达 20 GHz 的主频下运行，从而使 CPU 达到每秒一亿次的运算速度。此外，BBUL 封装技术还能在同一封装中支持多个处理器，因此服务器的处理器可以在一个封装中有两个内核，从而比独立封装的双处理器获得更高的运算速度。此外，BBUL 封装技术还能降低 CPU 的电源消耗，进而可减少高频产生的热量。

（5）材料。集成电路的最初材料是锗，而后为硅，一些特种集成电路(如光电器件)也采用三五族元素(如砷化镓)或二六族元素(如硫化镉、磷化铟)构成的化合物半导体。由于硅在电学、物理和经济方面具有不可替代的优越性，故目前硅仍占据集成电路材料的主流地位。鉴于在同样芯片面积的情况下，硅圆片直径越大，其经济性能就越优越，因此硅单晶材料的直径经历了 1 英寸、2 英寸、3 英寸、5 英寸、6 英寸、8 英寸的历史进程，目前，国内外加工厂都采用 8 英寸和 12 英寸硅片生产，16 英寸和 18 英寸(450 mm)的硅单晶及其设备正在开发之中，预计 2016 年左右 18 英寸硅片将投入生产。

此外，为了适应高频、高速、高带宽的微波集成电路的需求，SOI (Silicon-On-Insulator)材料、化合物半导体材料和锗硅等材料的研发也有不同程度的进展。

（6）应用。应用是集成电路产业链中不可或缺的重要环节，是集成电路最终进入消费者手中的必经之途。除众所周知的计算机、通信、网络、消费类产品的应用外，集成电路正在不断开拓新的应用领域，诸如微机电系统，微光机电系统，生物芯片(如 DNA 芯片)，超导等。这些创新的应用领域正在形成新的产业增长点。

（7）基础研究。基础研究的主要内容是开发新原理器件，包括共振隧穿器件(RTD)、单电子晶体管(SET)、量子电子器件、分子电子器件、自旋电子器件等。技术的发展使微电子在 21 世纪进入了纳米领域，而纳电子学将为集成电路带来一场新的革命。

4.3.2 实际电压源与实际电流源的等效变换

1. 实验目的

(1) 理解电源外特性。

(2) 掌握电源外特性的测试方法。

(3) 掌握电压源、电流源进行等效变换的条件。

2. 实验原理及说明

(1) 电压源和电流源

电压源,通常指理想恒压源,具有端电压保持恒定不变,而输出电流大小由负载决定的特性。电压源的端电压 U 与输出电流 I 的关系 $U = f(I)$ 是一条平行于 I 轴的直线,如图 4-16 所示。一个直流稳压电源在一定的电流范围内,具有很小的内阻。故在实用中,常将它视为一个理想的电压源,即其输出电压不随负载电流而变。

电流源,通常指理想恒流源,具有端电流保持恒定不变,而端电压的大小由负载决定的特性。电流源的输出电流 I 与端电压 U 的关系 $I = f(U)$ 是一条平行于 U 轴的直线,如图 4-17 所示。实验中使用的恒流源在规定的电流范围内,具有很大的内阻,可以将它视为一个理想的电流源。

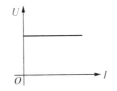

图 4-16   理想电压源外特性   图 4-17   理想电流源外特性

(2) 实际电压源和实际电流源

实际上任何电源内部都存在电阻,通常称为内阻。因而,实际电压源可以用一个内阻 R_s 和电压源 U_s 串联表示,其端电压 U 随输出电流 I 增大而降低,如图 4-18 所示。在实验中,可以用一个小阻值的电阻与恒压源相串联来模拟一个实际电压源。

实际电流源可以用一个内阻 R_s 和电流源 I_s 并联表示,其输出电流 I 随端电压 U 增大而减小,如图 4-19 所示。在实验中,可以用一个大阻值的电阻与恒流源相并联来模拟一个实际电流源。

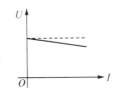 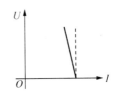

图 4-18   实际电压源外特性   图 4-19   实际电流源外特性

（3）实际电压源与实际电流源的等效变换

一个实际的电源，就其外部特征而言，既可以看成是一个电压源，又可以看成是一个电流源。若视为电压源，则可用一个电压源与一个电阻相串联来表示；若视为电流源，则可用一个电流源与一个电阻相并联来表示。若它们向同样大小的负载供出同样大小的电流和端电压，则称这两个电源是等效的，即具有相同的外特性。

如果实际电压源的电压和内阻参数分别记为 U_s 和 R_{su}，实际电流源的电流和内阻参数分别记为 I_s 和 R_{si}，那么实际电压源和实际电流源的等效变换的条件为：

① $R_{su} = R_{si} = R_s$

② $I_s = U_s/R_s$，即 $U_s = I_s R_s$

3. 实验器材

实际电压源与实际电流源的等效变换实验所需仪器如表 4 - 13 所示。

表 4 - 13　实际电压源与实际电流源的等效变换表

类别	名称	型号规格	数量	备注
实际测量仪器	可调直流稳压电源	0～30 V	1	
	可调直流恒流源	0～200 mA	1	
	直流数字电压表	0～200 V	1	
	直流数字毫安表	0～200 mA		
	万用表			
	电阻器	51 Ω，200 Ω，300 Ω，1 kΩ	若干	
	可调电阻箱	0～99 999.9 Ω	1	
仿真测试仪器	理想电压源、电流源	略	各 1	
	电阻	略	若干	
	电压表、电流表	略	各 1	

4. 实验内容及步骤

本实验的实际实验和虚拟实验基本类似，值得注意的是仿真环境 Multisim 中的电源是理想的，可以通过串/并联内阻来模拟实际电源。

（1）测定直流稳压电源的外特性

读者自行设计电路，测定直流稳压电源端电压随电流的变化关系。将实验结果记录在表 4 - 14 中。

表 4 - 14　直流稳压电源的外特性测量记录表

测量 ＼ 负载	负载 1	负载 2	负载 3	负载 4	负载 5
电压值（V）					
电流值（A）					

（2）测定直流恒流源的外特性

读者自行设计电路,测定直流恒流电源输出电流随端电压的变化关系。将实验结果记录在表 4-15 中。

表 4-15　直流恒流源的外特性测量记录表

测量 ＼ 负载	负载 1	负载 2	负载 3	负载 4	负载 5
电流值（A）					
电压值（V）					

（3）验证实际电压源和实际电流源的等效变换

读者自己选择实际电源参数,满足实际电压源和实际电流源等效变换条件,验证两种模型针对不同的负载表现出来的外特性,将数据记录在表 4-16 中。

表 4-16　实际电压源与实际电流源等效互换测量记录表

类型 ＼ 负载		负载 1	负载 2	负载 3	负载 4	负载 5
实际电压源	电流（A）					
	电压（V）					
实际电流源	电流（A）					
	电压（V）					

5．预习要求

（1）熟悉理想电源和实际电源的模型。

（2）复习实际电压源与实际电流源等效变换关系。

6．实验报告

（1）根据实验数据绘出电源的四条外特性,并总结、归纳理想电源与实际电源的特性。

（2）根据实验结果,验证电源等效变换的条件。

（3）回答如下问题:

① 电压源的输出端为什么不允许短路? 电流源的输出端为什么不允许开路?

② 说明电压源和电流源的特性,其输出是否在任何负载下均能保持恒值?

③ 实际电压源与电流源的外特性为什么呈下降变化趋势,下降的快慢受哪个参数影响?

④ 实际电压源和实际电流源的等效变换条件是什么? 所谓"等效"是对什么而言? 实际电压源和实际电流源能否等效变换?

【电学名人录】

邓中翰和他的中国芯

1990 年中国科技大学一位三年级的大学生获得了全国大学生科技竞赛"挑战杯"奖,15 年后,这位电子工程学博士又在全国留学归国人员中率先摘取了"国家科技进步奖"一等奖的桂冠。他就是 2005 年中国青年五四奖章获得者邓中翰。2009 年,邓中翰当选为中国工程院最年轻的院士。2010 年 8 月 26 日当选为全国青联副主席。2011 年 5 月当选为中国科协副主席。

1999 年,正在美国硅谷领导研发用于卫星、监控、外太空探测高端平行数位成像技术的邓中翰应邀回国,肩负起了"星光中国芯工程"总指挥的重任。这是一项以数字多媒体为突破口,促进集成电路产业发展的重大攻关项目。邓中翰和他的同事们在国家有关部门的大力支持和领导下,经过 1 800 多个日日夜夜的艰苦攻关,成功研制开发出了具有中国自主知识产权和国际领先水平的"星光中国芯"五代数字多媒体芯片。这项成果实现了七大核心技术突破,并申请了该领域的 400 多个国内外专利。中国芯先后被三星、飞利浦、惠普等一批国际知名企业大量采用,已占计算机图像输入芯片国际市场份额的 60%,如今中国芯这一国际知名的 IC 品牌覆盖了欧美和亚太地区。这是我国具有自主知识产权的集成电路芯片第一次在一个重要的领域达到全球市场领先地位。

邓中翰说,我在硅谷的时候也做研发,也做芯片,但是感觉是完全不一样的,因为做出来任何结果是别人的,回到祖国之后,我们所做的任何一个"中国芯"的自主知识产权是属于我们国家的,每当想起把自己的青春和知识与国家的发展相结合,我就感觉到浑身就有使不完的力。

现在,邓中翰和他的团队又开始向移动多媒体的应用等新的技术领域进军,打造更多更好的中国芯。

［通用芯片］

• 汉芯 2 号、汉芯 3 号:汉芯 2 号是我国首个以 IP 专利授权的方式进入国际市场的"中国芯",国外公司在其产品中嵌入汉芯 2 号需缴纳一定数额的专利费;而汉芯 3 号则申请了六项专利,IBM 将在其系统整机方案中采用该芯片。

• 龙芯 1 号:采用动态流水线结构,定点和浮点最高运算速度均超过每秒 2 亿次,与英特尔的奔腾 Ⅱ 芯片性能大致相当,在总体上达到了 1997 年前后的国际先进水平。

• 龙芯 2 号:2004 年,中科院计算所研发出实际性能与奔腾 4 水平相当的"龙芯 2 号"通用 CPU,比"龙芯 1 号"性能提高 10 至 15 倍。

• 威盛系列:威盛公司推出世界上最小的桌面处理器。

• 神威一号:实现了与市场上最通用指令的完全兼容,可运行 DOS、WINDOWS 等主流操作系统。

［嵌入式芯片］

• 星光一号:2001 年 3 月问世,是第一个打进国际市场的中国芯片。

• 星光二号:2002 年 5 月问世,是全球第一个音频视频同体的图像处理芯片。

• 星光三号:2002 年 9 月问世,是中国第一块具有 CPU 驱动的图像处理芯片。

• 星光四号:2003 年 2 月问世,是中国第一块移动多媒体芯片。

• 星光五号:2003 年 6 月研发成功并实现产业化,被中国电信指定为可视通信芯片标准。

• 北大众志:2003 年 12 月,北大众志-863 系列的 CPU 系统芯片由北京大学微处理器研究开发中心研制成功。

• 湖南中芯:2003 年 10 月,我国第一片具有完全自主知识产权的数字图像与视频压缩编码解码芯片诞生。

• 万通 1 号:2003 年 9 月,可应用于公共服务、企业用户、校园网、政府机构、家庭及个人用户的芯片诞生。

- 方舟 2 号:2003 年 8 月,海淀区的电子政务领域正式推广使用具有我国自主知识产权芯片的网络计算机。

- S698:2003 年 5 月,全国首家系统级芯片(SOC)设计平台在哈工大微电子中心搭建成功。

- 神州龙芯:2003 年 3 月收尾,是从推出的 32 位、266 兆赫版本改进而来,它针对的是嵌入系统市场。

- 2005 年 11 月 15 日,邓中翰创建并率领中国芯片设计公司中星微电子首次成功将"星光中国芯"全面打入国际市场,在美国纳斯达克成功上市,这是中国电子信息产业中首家拥有核心技术和自主知识产权的 IT 企业在美国上市,是中国企业在 2005 年原始创新、发展核心技术、走向世界的标志性动作。

4.3.3　电阻 Y-△连接与等效转换

1. 实验目的

(1) 了解电阻星形连接和三角形连接的等效变换原理。
(2) 了解电阻星形和三角形网络等效的意义。
(3) 掌握电阻星形连接和三角形连接的等效条件。

2. 实验原理及说明

(1) 电阻星形(Y)连接和三角形(△)连接

电阻的星形连接:如图 4-20 所示,将三个电阻的一端连在一起,另一端分别与外电路的三个结点相连,就构成星形联接,又称为 T 形联接,用字母"Y"表示。

电阻的三角形连接:如图 4-21 所示,将三个电阻首尾相连,形成一个三角形,三角形的三个顶点分别与外电路的三个结点相连,就构成三角形联接,又称 π 形联接,用符号"△"表示。

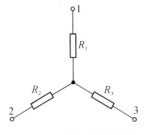

图 4-20　电阻星形连接

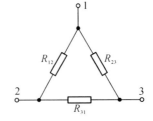

图 4-21　电阻三角形连接

(2) 电阻 Y-△连接等效变换的原理

等效变换的要求是:变换前后,对于外部电路而言,流入(出)对应端子的电流以及各端子之间的电压必须完全相同。根据等效变换的要求,可以推导出电阻 Y-△连接等效变换关系如下:

若已知 Y 连接中的 R_1、R_2、R_3,求△连接中的 R_{12}、R_{23}、R_{31},计算公式如式(4-11)、式(4-12)、式(4-13)所示。

$$R_{12} = \frac{R_1 R_2 + R_2 R_3 + R_3 R_1}{R_3} \qquad (4-11)$$

$$R_{23} = \frac{R_1 R_2 + R_2 R_3 + R_3 R_1}{R_1} \qquad (4-12)$$

$$R_{31} = \frac{R_1 R_2 + R_2 R_3 + R_3 R_1}{R_2} \qquad (4-13)$$

若已知 △ 连接中的 R_{12}、R_{23}、R_{31}，求 Y 连接中的 R_1、R_2、R_3，计算公式如式(4-14)、式(4-15)、式(4-16)所示。

$$R_1 = \frac{R_{12} R_{31}}{R_{12} + R_{23} + R_{31}} \qquad (4-14)$$

$$R_2 = \frac{R_{12} R_{23}}{R_{12} + R_{23} + R_{31}} \qquad (4-15)$$

$$R_3 = \frac{R_{23} R_{31}}{R_{12} + R_{23} + R_{31}} \qquad (4-16)$$

（3）电阻 Y-△ 连接等效变换的意义

复杂电路中的 Y 连接或 △ 连接部分，可以运用 Y-△ 连接等效变换，将一种连接变换成另一种连接，不影响电路中其余部分，但是变换后，电路变得简单清晰，容易分析。

3. 实验器材

电阻 Y-△ 连接等效变换实验仪器如表 4-17 所示。

表 4-17　电阻 Y-△ 连接等效变换实验仪器表

类别	名称	型号规格	数量	备注
实际测量仪器	直流稳压电源	略	1	
	直流电压表	略	1	
	直流电流表	略	1	
	电阻箱	略	若干	
仿真测试仪器	电压源	略	各1	
	电阻	略	若干	
	电压表、电流表	略	各1	

4. 实验内容及步骤

读者可根据实验环境状况，自行选择实际实验或仿真实验，方法和步骤类似，先验证电阻星形连接电路变换为三角形连接电路的等效条件，然后做反向验证。

（1）验证电阻星形连接电路变换为三角形连接电路的等效条件

验证方法如下：

① 读者自己设计一个相对复杂的电阻电路，其中包括电阻的星形连接。

② 测量电路的外特性，记录在表中。

③ 根据 Y-△ 连接等效计算公式，计算等效的三角形连接的相关电阻值。

④ 将星形连接变换成三角形连接,测量电路的外特性,记录在表 4-18 中。

表 4-18　电阻 Y-△连接等效转换测量记录表

类型	测量值		计算值		
Y 连接	$U_总$	$I_总$	R_1	R_2	R_3
△连接	$U_总$	$I_总$	R_{12}	R_{23}	R_{31}

⑤ 比较测量结果,验证等效条件。

(2) 验证三角形连接电路变换为电阻星形连接电路的等效条件

验证步骤是步骤(1)的逆过程,不再复述。

5. 预习要求

(1) 复习电阻电路等效的概念。

(2) 推导电阻 Y-△连接的等效变换公式。

6. 实验报告

(1) 分析总结电阻 Y-△连接的等效条件。

(2) 体会电阻等效变换的意义。

【名人轶事档】

爱迪生与他的发明

1. 复印机

起初,爱迪生发明的石蜡纸,只是普遍运用于食品,糖果的包装材料上,后来他尝试在蜡纸上刻出文字轮廓,形成一张石蜡刻字纸版,在纸版下垫上白纸,再用墨水的滚轮从刻字的石蜡纸上滚一滚,奇妙的事发生了,白纸上出现清楚的字迹。之后又经过多次的改良试验,1976 年,爱迪生开始生产他发明的复印机,一下子,机关,学校,事业单位,团体都采用这种蜡纸油印机。由于爱迪生复印机大受欢迎,风行全球,使得爱迪生深切体验到,应该发明人们普遍而且深切需要的东西。

2. 同步发报机

早期的电报机,一次只能传递一个讯息,而且不能同时交换信号,由于爱迪生本身是电报技师,便着手改良传统发报机,制造出二重发报机,1974 年又研发出四重发报机,也就是同步发报机。在无线电还没有发展的当时,同步发报机是一项重大的突破。

3. 改良电话机

我们都知道,现代电话是由贝尔所发明的,事实上,电话能够清晰的接收与发话,要归功于爱迪生一次又一次的试验,突破传统的窠臼,制造出碳粉送话器,这一研究提高了电话的灵敏度、音量、接收距离,否则,我们现在打电话时还是会常常:喂! 喂! 听不到啊,听不清楚啦!

4. 留声机诞生

1877 年 12 月的一个夜里,梦罗园实验室的工作人员微微颤抖着,不是因为寒冷,而是因为他们听到了人类有史以来第一次的录音:"玛琍有只小绵羊,毛色白皙像雪样,不论玛琍到哪里,小羊总在她身旁……"法国政府因此授予爱迪生爵士的头衔。后来,爱迪生又历经几十年多次改良留声机,直到将滚筒式改成胶木唱盘式为止。

5. 光明的使者

19 世纪初,人们开始使用煤气灯(瓦斯灯),但是煤气靠管道供给,一旦漏气或堵塞,非常容易出事,人们对于照明改革的期望十分殷切。事实上,爱迪生为自己制定了一个几乎不可能完成的任务:除了改良照明之外,还要创造一套供电的系统。于是他和伙伴们不眠不休地做了 1 600 多次耐热材料和 600 多种植物纤维的实验,制造出第一个碳丝灯泡,可以一次燃烧 45 个钟头。后来他更在这基础上不断改良制造的方法,终于推出可以点燃 1 200 小时的竹丝灯泡。

附:爱迪生发明创造年表:

1868 年 10 月 11 日:发明"投票计数器",获得生平第一项专利权。

1869 年 10 月:与友人合设"波普-爱迪生公司"。

1870 年:发明普用印刷机,出让专利权,获 4 万美元。在纽约克自设制造厂。

1872～1876 年:发明电动画机电报,自动复记电报法,二重、四重电报法,蜡纸炭质电阻器等。

1875 年:发明声波分析谐振器。

1876 年:在新泽西州的门罗公园建立了一个实验室——第一个工业研究实验室。它是现代的"研究小组"这一概念的创始。发明碳精棒送话器,申请电报自动记录机专利。

1877 年:在门罗公园改进了早期由贝尔发明的电话,并使之投入了实际使用。获得三项专利:穿孔笔、气动铁笔和普通铁笔。8 月 20 日发明了被证实为爱迪生心爱的一个项目——留声机。

1878 年:爱迪生宣称要解决电照明的问题。开始进行发明电灯的研究。10 月 5 日提出等一份关于铂丝"电灯"的专利申请。

1879～1880 年:经数千次的挫折发明高阻力白炽灯、改良发电机,设计电流新分布法、电路的调准和计算法,发明电灯座和开关、发明磁力析矿法。

1879 年 8 月 30 日:爱迪生和贝尔在萨拉托加溪市的市政厅各自演示了电话装置,结果爱迪生的电话比贝尔的清晰。10 月 21 日发明高阻力白炽灯,它连续点燃了 40 个小时。11 月 1 日申请碳丝灯专利。12 月 21 日《纽约快报》报道了爱迪生的白炽电灯。12 月 25 日对来自纽约市的 3 000 名参观者在门罗公园作公开电灯表演。

1880 年:研究直升机、获得电灯发明专利权、制成磁力筛矿器。1 月 28 日提出"电力输配系统"专利书。2 月 18 日《斯克立柏月刊》发表了《爱迪生的电灯》一文,正式发表了电灯的发明。5 月第一艘由电灯照明的"哥伦比亚号"轮船试航成功。12 月成立纽约爱迪生电力照明公司。

1881 年:纽约第五大街总部设立。成立一个白炽灯厂于纽约。设立发电机,地下电线,电灯零件的制造厂。在门罗公园试验电车。

1882 年:发明电流三线分布制。申请专利 141 项。9 月 4 日成立第一所中央厂。

1885 年 5 月 23 日:提出无线电报专利。

1887～1890 年:改良圆筒式留声机,取得关于留声机的专利权 80 余份。经营留声机,唱片,授语机等制造和发售事业。

1888 年:发明唱筒型留声机。

1889 年:参加巴黎百年博览会。发明电气铁道多种。完成活动电影机。

1890～1899 年:设计大型碎石机,研磨机。在奥格登矿地亲自指挥用新方法大规模开发铁矿。

1891 年:发明"爱迪生选矿机",开始自行经营采矿事业。获得"活动电影放映机"专利。5 月 20 日第一台成功的活动电影视镜在新泽西州西奥兰治的爱迪生实验室向公众展示。

1893 年:爱迪生实验室的庭院里建立起世界上第一座电影"摄影棚"。

1894 年 4 月 14 日:在纽约开辟第一家活动电影放映机影院。

1896 年 4 月 23 日:第一次在纽约的科斯特-拜厄尔的音乐堂使用"维太放映机"放映影片,受到公众热烈欢迎。

1902 年:使用新型蓄电池作车辆动力的试验,行程为 5 000 英里,每充一次电,可走 100 英里,获得成功。

1903 年:爱迪生的公司摄制了第一部故事片《列车抢劫》。

1909 年:费时十年,蓄电池的研究,终于成功。制成传真电报。获得原料机、加细碾机、长窑设计专利。

1910～1914 年:完成圆盘式留声机,不损唱片和金刚石唱片。完成有声电影机。

1910 年:发明"圆盘唱片"。

1912 年:发明"有声电影",研制成传语留声机。

1914～1915 年:发明石碳酸综合制造法,并合留声机和授语机为远写机,一方电话机可自动记录对方说话。自行制造苯、靛油等。

1915～1918 年:完成发明 39 件之多,其中最著名的是鱼雷机械装置、喷火器和水底潜望镜等。

1927 年:发明长时间唱片。

1928 年:从野草中提炼橡胶成功。

1931 年 10 月 18 日:爱迪生在西奥伦治逝世,终年 84 岁,1931 年 10 月 21 日,全美国熄灯以示哀悼。爱迪生一生共发明了 1 000 多样机器。被誉为"发明大王"。

4.3.4　分压器设计实验

1. 实验目的

(1) 验证电位的相对性与电压的绝对性。

(2) 观察分压器电路的负载效应。

(3) 掌握分压器电路的设计。

2. 实验原理及说明

(1) 电位的概念

某点的电位即该点与参考点间的电压。两点间的电压就是两点的电位之差。电位是相对参考点而言的,不说明参考点,电位就无意义。电位随参考点的不同而不同,但电压是不变的。

(2) 分压器的负载效应

分压器在空载时的输出电压可以根据分压公式求得,在带负载时的输出电压将发生变化。将电阻 R_L 与 R_1 并联,电路如图 4-22 所示。电阻 R_L 为分压电路的负载。电路的负载可以是一个或多个电路元件,它消耗电路的功率,由于负载的连接,输出电压的表达式为式(4-17)。

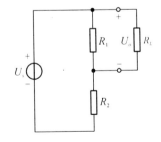

$$U_o = \frac{R_{eq}}{R_2 + R_{eq}} U_s \qquad (4-17)$$

图 4-22　分压器原理电路图

式(4-17)中, $R_{eq} = \dfrac{R_1 R_L}{R_1 + R_L}$

代入可得 $\qquad\qquad U_o = \dfrac{R_1}{R_2[1+(R_1/R_L)]+R_1} U_s \qquad (4-18)$

需要注意的是,当 $R_L \to \infty$ 无穷时,式(4-18)可以简化为

$$U_o = \frac{R_1}{R_1 + R_2} U_s \qquad (4-19)$$

这说明,只要 $R_L > R_2$,电压比 U_o/U_s 就基本不会受负载加入的影响,即分压器所加负载电阻值越大,对分压器的影响越小,这时的输出电压就越接近分压器空载时的电压。

（3）分压器的设计

为了说明分压器的设计方法,举一个简单实例:现有 90 V 恒压源和若干功率为 2 W 的电阻,设计一个具有 60 V 输出的分压器。参考电路如图 4-23 所示。

取 R_1、R_2 分别为 1 kΩ、2 kΩ,则空载时,电阻 R_1、R_2 的功率分别为 0.9 W、1.8 W。因此满足设计要求。

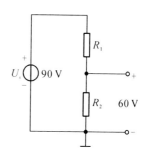

图 4-23　分压器参考电路图

3. 实验器材

分压器设计实验仪器如表 4-19 所示。

表 4-19　分压器设计实验仪器表

类别	名称	型号规格	数量	备注
实际测量仪器	可调直流稳压电源	略	1	
	万用表	略	1	
	电阻箱	略	若干	
仿真测试仪器	电压源	略	各 1	
	电阻	略	若干	
	电压表、电流表	略	各 1	

4. 实验内容及步骤

实际实验和仿真实验原理和方法基本类似,可按照如下步骤进行:

（1）读者根据需要自己设计分压器电路。

（2）连接电路,选取参考点,测量输出点电位,记录在表 4-20 中。

表 4-20　电位测量实验记录表

参考点		U_a	U_b	U_c	U_d
选＿＿＿点为参考点	理论值				
	测量值				
选＿＿＿点为参考点	理论值				
	测量值				

（3）测量空载、有载时输出点电位，记录在表 4 - 21 中。

表 4 - 21　分压器设计实验记录表

电位　　负载	空载		有载 $R_L=$		有载 $R_L=$	
	理论值	测量值	理论值	测量值	理论值	测量值
U_a						
U_b						

5．预习要求

（1）复习分压器设计的基本原理。

（2）熟悉影响分压器性能的关键因素。

6．实验报告

（1）画出实验原理电路图，标上参数。

（2）叙述实验内容和步骤，给出各种理论计算的数据与实验测量的数据。

（3）给出实验得出的结论。

（4）进行测量误差分析。

【电学名人录】

詹姆斯·克拉克·麦克斯韦（James Derk Maxwell，1831～1879）1831 年 6 月 13 日生于苏格兰古都爱丁堡，他是英国伟大的物理学家，经典电磁理论的创始人。

1847 年，麦克斯韦进入爱丁堡大学学习。这里是苏格兰的最高学府。他是班上年纪最小的学生，但考试成绩却总是名列前茅。他在这里专攻数学物理，并且显示出非凡的才华。1850 年转入剑桥大学三一学院数学系学习，1854 年以第二名的成绩获史密斯奖学金，毕业留校任职两年。1856 年在苏格兰阿伯丁的马里沙耳任自然哲学教授。1860 年到伦敦国王学院担任自然哲学和天文学教授。1861 年选为伦敦皇家学会会员。1865 年春，辞去教职回到家乡，系统地总结他关于电磁学的研究成果，完成了电磁场理论的经典巨著《论电和磁》，并于 1873 年出版。1871 年受聘为剑桥大学新设立的卡文迪什试验物理学教授，负责筹建著名的卡文迪什实验室。1874 年建成后担任这个实验室的第一任主任，直到 1879 年 11 月 5 日在剑桥逝世。

麦克斯韦主要从事电磁理论、分子物理学、统计物理学、光学、力学、弹性理论方面的研究。尤其是他建立的电磁场理论，将电学、磁学、光学统一起来，是 19 世纪物理学发展的最光辉的成果，是科学史上最伟大的综合之一。他预言了电磁波的存在。这种理论预见后来得到了充分的实验验证。他为物理学树起了一座丰碑。造福于人类的无线电技术，就是他以电磁场理论为基础发展起来的。麦克斯韦大约于 1855 年开始研究电磁学，在潜心研究了法拉第关于电磁学方面的新理论和思想之后，坚信法拉第的新理论包含着真理。于是他抱着给法拉第的理论"提供数学方法基础"的愿望，决心把法拉第的天才思想以清晰准确的数学形式表示出来。他在前人成就的基础上，对整个电磁现象作了系统、全面的研究，凭借他高深的数学造诣和丰富的想象力接连发表了电磁场理论的三篇论文：《论法拉第的力线》（1855 年 12 月至 1856 年 2 月）；《论物理的力线》（1861 至 1862 年）；《电磁场的动力学理论》（1864 年 12 月 8 日）。他把对前人和他自己的工作进行了综合概括，将电磁场理论用简洁、对称、完美数学形式表示出来，经后人整理和改写，成为经典电动力学主要基础的麦克斯韦方程组。据此,1865 年他预言了电磁波的存在,电磁波只可能是横波,并推导出电磁波的传播速度等于光速,同时得出结论:光是电磁波的一种形式,揭示了光现象和电磁现象之间的联系。1888 年德国物理学家赫兹用实验验证了电磁波的存在。

麦克斯韦于 1873 年出版了科学名著《电磁理论》。系统、全面、完美地阐述了电磁场理论。这一理论成为经典物理学的重要支柱之一。在热力学与统计物理学方面麦克斯韦也作出了重要贡献,他是气体动理论的创始人之一。1859 年他首次用统计规律得出麦克斯韦速度分布律,从而找到了由微观量求统计平均值的更确切的途径。1866 年他给出了分子按速度的分布函数的新推导方法,这种方法是以分析正向和反向碰撞为基础的。他引入了弛豫时间的概念,发展了一般形式的输运理论,并把它应用于扩散、热传导和气体内摩擦过程。1867 年引入了"统计力学"这个术语。麦克斯韦是运用数学工具分析物理问题和精确地表述科学思想的大师,他非常重视实验,由他负责建立起来的卡文迪什实验室,在他和以后几位主任的领导下,发展成为举世闻名的学术中心之一。

4.3.5　电流表、电压表扩大量程实验

1. 实验目的

(1) 熟悉电流表、电压表的测量原理。

(2) 掌握电表扩程方法。

(3) 掌握电表校准方法。

2. 实验原理及说明

在实验中使用的电压表和电流表,实际上是由表头和电阻串联或并联而成的,表头实际上就是一个小量程的电流表,有时称之为灵敏电流计,能通过的电流很小。常用的表头主要组成部分为永久磁铁和放在永久磁铁中的可以转动的线圈,其工作原理是当线圈中有电流通过时,通电线圈在永久磁铁所形成的磁场中受到磁场力的作用而偏转,随着电流的增大,线圈的偏转角度增大,于是指针所指示的测量值就增大。

表头的满度电流很小,只适用于测量微安级或毫安级的电流。若要测量较大的电流,就需要扩大表头的量程。另一方面,表头的电压量程也很小,为了要测量较大电压,也需要扩大表头的电压量程。扩大电表量程的方法如下:

(1) 测量表头内阻

通常用"对半法"测量表头内阻,步骤如下:

① 按图 4 - 24 连接电路,其中 I_g 为表头满偏电流,R_a 为表头内阻,W_1 是 100 kΩ 的电位器,表头选用 100 μA。

② 测试前将 S_1、S_2 置于断开状态,W_1、W_2 调至最大值。

③ 闭合 S_2,调节 W_1,使表头指针正好满偏。再接通 S_1,调整 W_2,使表针指至中间位置。这时 W_2 的读数就等于表头的内阻。

(2) 电表扩程

扩展电流表量程的基本原理如图 4 - 25 所示,在表头两端并联电阻 R_p,经过分流后,流过表头的电流不超过满偏电流。由表头和 R_p 构成了电流表。并联不同阻值的 R_p,可以得到不同量程的电流表,这里 R_p 称为分流电阻,它的计算方法如下:

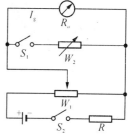

图 4 - 24　测量表头内阻

当表头满偏时,通过电流表的总电流为 I,通过表头的电流为 I_g,则可得:

$$V_g = I_g R_a \tag{4-20}$$

又因 $V_g = (I - I_g)R_p$

可得:

$$R_p = \frac{I_g}{I - I_g} R_a \tag{4-21}$$

若定义量程扩大倍数 $n = I/I_g$,R_p 的计算公式可写成:

$$R_p = \frac{R_a}{n-1} \tag{4-22}$$

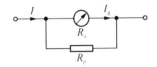

图 4－25　扩展电流表量程原理图

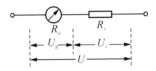

图 4－26　扩展电压表量程原理图

扩展电压表量程的基本原理如图 4－26 所示,在表头一端串联电阻 R_s,经过 R_s 分压后,使表头电压不超过满偏电压。表头和串联电阻 R_s 组成的整体为电压表。串联不同阻值的 R_s,可以得到不同量程的电压表。串联电阻 R_s 称为扩程电阻。扩程电阻 R_s 可按照式(4-23)计算。

$$V_s = I_g R_s = V - V_g \tag{4-23}$$

由式(4-23)得:

$$R_s = \frac{V - V_g}{I_g} = \frac{V}{I_g} - R_a \tag{4-24}$$

若定义 $\dfrac{V}{V_g} = n$,$(V_g = I_g R_a)$,n 为扩大的倍数,所以式(4-24)可写成:

$$R_s = (n-1)R_a \tag{4-25}$$

(3) 电表的标称误差和校准

标称误差指的是电表的读数和准确值的差异,它包括了电表在构造上各种不完善的因素所引入的误差。为了确定标称误差,先用电表和一个标准电表同时测量一定的电流(或电压),称为校准。校准的结果得到电表各个刻度的绝对误差。选取其中最大的绝对误差除以量程,即为该电表的标称误差,故

$$标称误差 = (最大的绝对误差 / 量程) \times 100\%$$

根据标称误差的大小,电表分为不同的等级。例如,标称误差在 0.2% 到 0.5% 之间,该表就定为 0.5 级,表盘上以 0.5 表示。

3. 实验器材

电表扩程实验仪器如表 4－22 所示。

表 4 - 22　电表扩程实验仪器表

类别	名称	型号规格	数量	备注
实际测量仪器	表头	100 μA	1	
	直流毫安表	略	1	
	直流伏特计	略	1	
	直流稳压电源	略	1	
	开关、导线	略	若干	
实际测量仪器	电阻器、滑线变阻器	略	若干	
	可调电阻箱	0～99 999.9 Ω	1	
仿真测试仪器	理想电压源、电流源	略	各1	
	电阻	略	若干	
	电压表、电流表	略	各1	

4. 实验内容及步骤

（1）将满偏电流为 100 μA 的表头设计成量程为 10 mA 的毫安表。读者自己设计电路测量 R_a，计算 R_p，并作出校正曲线，将测量数据记录在表 4 - 23 中。

$$I_g = \underline{\qquad\qquad}\ ;R_a = \underline{\qquad\qquad}\ ;R_p = \underline{\qquad\qquad}\ 。$$

表 4 - 23　电流表扩程实验记录表

I_x(mA)	2.0	4.0	6.0	8.0	10.0
I_s(mA)					
ΔI_s(mA)					

（2）将满偏电流为 100 μA 的表头设计成量程为 5 V 的电压表。读者自己设计电路测量 R_a，计算 R_s，并作出校正曲线，将测量数据记录在表 4 - 24 中。

$$I_g = \underline{\qquad}\ ;R_a = \underline{\qquad}\ ;R_s = \underline{\qquad}\ 。$$

表 4 - 24　电压表扩程实验记录表

U_x(mA)	1.0	2.0	3.0	4.0	5.0
U_s(mA)					
ΔU_s(mA)					

5. 预习要求

（1）复习分压电路、分流电路的基本原理。

（2）思考电表扩程方法。

6. 实验报告

（1）画出完整的电流表、电压表扩程的电路图，测出表头内阻后计算电路元件参数。

（2）根据实际电路调整扩程所接元件值，并记录下来。

（3）将扩程表调整前后与标准表比较的示值记录下来，计算相对误差，分析误差原因。

【电学名人录】

迈克尔·法拉第（Michael Faraday，1791～1867）英国物理学家、化学家，也是著名的自学成才的科学家，是发电机和电动机的发明者。生于萨里郡纽因顿一个贫苦铁匠家庭。仅上过小学。法拉第13岁在一家书店工作，工作之余自学化学和电学，并动手做简单的实验，验证书上的内容。他还利用业余时间参加市哲学学会的学习活动，听自然哲学讲演，受到英国化学家戴维的赏识，1813年3月由戴维举荐到皇家研究所任实验室助手。这是法拉第一生的转折点。

1821年法拉第完成了第一项重大的电发明。法拉第从奥斯特的实验中得到启发，成功地发明了一种简单的装置。在装置内，只要有电流通过线路，线路就会绕着一块磁铁不停地转动。事实上法拉第发明的是第一台利用电流使物体运动的电动机，是今天世界所有电动机的祖先。这是一项重大的突破。

1831法拉第发现一块磁铁穿过一个闭合线路时，线路内就会有电流产生，这个效应叫电磁感应。人们认为法拉第的电磁感应定律是他的一项最伟大的贡献。现代的电机虽然复杂得多，但是它们都是根据同样的电磁感应原理制成的。

法拉第在电学方面的贡献最为显著。法拉第最早的实验是利用七片半便士、七片锌片以及六片浸过盐水的湿纸做成伏特电池。并使用这个电池分解硫酸镁。1821年，他建造了两个装置以产生他称为"电磁转动"的现象：由线圈外环状磁场造成的连续旋转运动。他把导线接上化学电池，使其导电，再将导线放入内有磁铁的汞池之中，则导线将绕着磁铁旋转。这个装置现称为单极电动机。这些实验与发明成为现代电磁科技的基石，向世人建立起"磁场的改变产生电场"的观念。此关系由法拉第电磁感应定律建立起数学模型，并成为麦克斯韦方程组中四个方程之一。法拉第依照此定理，发明了早期的发电机，此为现代发电机的始祖。1839年他成功研究了一连串的实验带领人类了解电的本质。法拉第使用"静电"、电池以及"生物生电"已产生静电相吸、电解、磁力等现象。他根据这些实验，推出与当时主流想法相悖的结论，虽然来源不同，但产生的电都是一样的，另外若改变大小及密度（电压及电荷），则可产生不同的现象。

法拉第把磁力线和电力线的重要概念引入物理学，通过强调不是磁铁本身而是它们之间的"场"，为当代物理学中的展开开拓了道路，其中包括麦克斯韦方程。法拉第还发现如果有偏振光通过磁场，其偏振作用就会发生变化。这一发现具有特殊意义，首次表明了光与磁之间存在某种关系。

第 5 章 交流电路基础实验

5.1 指导性实验

5.1.1 常用电子仪器的使用

1. 实验目的

(1) 掌握示波器、函数信号发生器、电子毫伏表、万用表的使用方法。

(2) 掌握用双踪示波器测量信号的幅值、周期、频率等参数的方法。

2. 实验原理及说明

(1) 用双踪示波器测量输入信号的幅值、周期,根据 $f = 1/T$ 计算出频率 f。

① 交流信号的幅值测量

在图 5-1 中,如果 VOLTS/div 为 0.5 V/div,峰-峰值之间的高度为 6 div,则峰-峰值为 $U_{P\text{-}P} = 0.5$ V/div $\times 6$ div $= 3$ V。注意幅值微调旋钮应置于校准位置。峰-峰值与有效值之间换算关系为 $U_{P\text{-}P} = 2U_P = 2\sqrt{2}U$。

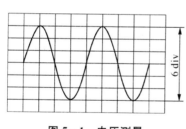

图 5-1 电压测量

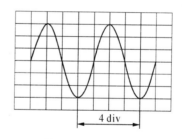

图 5-2 周期测量

② 交流信号的周期、频率

在图 5-2 中,屏幕上的一个周期为 4 div,如果扫描时间为 0.5 ms/div,周期为 $T = 0.5$ ms/div $\times 4$ div $= 2$ ms,则频率 $f = 1/T = 1/2$ ms $= 500$ Hz。

(2) 函数信号发生器。调节函数信号发生器"波形选择"按钮可选择输出信号波形。输出波形有正弦波、三角波、矩形波等。

① 通过调节"频率范围"按钮和"频率微调"旋钮可选择频率范围内任意一种输出信号。

② 调节函数信号发生器"输出幅度衰减"按钮可衰减输出电压,20 dB 衰减 10 倍、40 dB 衰减 100 倍、(20+40)dB 即 60 dB 衰减 1 000 倍,"幅度微调"旋钮可选择所需输出电压。

(3) 交流毫伏表及晶体管毫伏表表盘电压刻度共有 12 挡,电压范围为 30 μV～100 V,

两条刻度分别显示 0～10 V 和 0～3 V,测量电压以"1"打头的量程读 0～10 V 电压刻度尺,若以"3"打头的量程读 0～3 V 电压刻度尺,不同量程再乘以相应的倍数。

模拟电子技术基础实验中最常用的电子仪器有:示波器、函数信号发生器、电子毫伏表、万用表和直流稳压电源等,它们的主要用途及相互关系如图 5-3 所示。

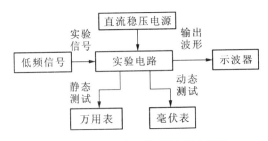

图 5-3　常用电子仪器用途示意图

为了在实验时能够准确地测量数据,观察实验现象,就必须学会正确地使用这些仪器,这是一项重要的实验技能,以后每次实验都要反复进行这方面的练习。

3. 实验器材

(1) SG1408 型函数信号发生器(1 台)

(2) 直流稳压电源(1 台)

(3) 双踪示波器(1 台)

(4) 交流毫伏表(1 台)

(5) DC890D 数字万用表(1 块)

4. 实验内容及步骤

(1) 熟悉 SDS1000CML 双踪示波器的使用方法。示波器接通电源数分钟后,将探头连接到校准信号,并将校准信号连接到 CH1 连接器。按 AUTO(自动设置)键,观测波形(校准输出为 3 V、1 kHz 的方波信号)。

(2) 由"CH1"通道输入由信号发生器产生的 1 kHz、1V(峰峰值)信号,按 AUTO(自动设置)键,使其输出稳定完整的波形。

(3) 根据步骤(2)的操作,在大小相同、不同频率的电压信号下观察波形,并将有关数据记入表 5-1 中。

表 5-1　示波器使用实验数据记录表 1

V_{p-p}=1 V(峰峰值)			
频率 f	500 Hz	2 kHz	10 kHz
V_i(有效值)			
周期 T			

(4) 输入大小不同、频率相同的电压信号,观察波形,并将有关数据记入表 5-2 中。

表 5-2　示波器使用实验数据记录表 2

频率 $f=1$ kHz			
V_{p-p}	0.5 V	1 V	1.5 V
V_i(有效值)			
周期 T			

（5）用交流毫伏表测量函数信号发生器的输出电压,将信号发生器的输出置 1 000 mA、100 mA、10 mA、1 mA,测量其对应的输出电压值,测量时交流毫伏表的量程要选择适当,以使读数准确,注意被测电压不要超出量程,并将有关数据记入表 5-3 中。

表 5-3　毫伏表与函数信号发生器使用实验数据记录表

函数信号发生器	1 000 mV	100 mV	10 mV	1 mV
交流毫伏表				

（6）用数字万用表的直流电压挡测量直流稳压电源的输出电压,使之为下列数值:5 V、12 V、-12 V,测量时万用表的量程应大于被测信号。选择适当量程,注意稳压电源输出端及万用表的正、负极性应正确配合,并将有关数据记入表 5-4 中。

表 5-4　万用表使用实验数据记录表

理论电压	5 V	12 V	-12 V
实测电压			
所用量程			

（7）用数字万用表辨别二极管的阳极（正极）、阴极（负极）及其好坏,并记录测试结果。

（8）用数字万用表辨别三极管集电极（c）、基极（b）、发射极（e）管子的类型（PNP 或 NPN）及其好坏,写出测试结果。

5. 预习要求

实验前必须预习,熟悉实验使用的示波器、函数信号发生器、交流毫伏表、万用表及稳压电源的使用说明书和注意事项等有关资料（第一篇第 2 章中万用表测二、三极管方法仅供参考）。

（1）DC890D 数字万用表黑表棒插入_____插孔,红表棒插入_____插孔。测量直流电压时电表与被测电路_____,显示在屏幕上的是_____表棒所接点的电压与极性。测量直流电流时电表与被测电路_____,黑表棒插入_____插孔,红表棒插入_____插孔,显示在屏幕上的是_____表棒所接点的电流与极性。

（2）交流毫伏表测量前需预热数分钟,用_____按键可将仪器设置为自动测量方式,此时仪器能根据被测信号的大小自动选择量程,同时允许手动干预量程选择。

（3）函数信号发生器频率显示窗口的作用为:_____

_____。频率范围选择按钮的作用为:_____。旋钮_____为函数信号输出调节旋钮。

（4）示波器灵敏度选择开关_____的作用为：_____
_____。扫描是扫描速度转换开关，作用为：_____
_____。调节_____旋钮可使波形稳定。

6. 实验报告要求

（1）说明使用示波器观察波形时，为了达到下列要求，应调节哪些旋钮？

① 波形清晰且亮度适中。

② 波形在荧光屏中央且大小适中。

③ 波形完整。

④ 波形稳定。

（2）阐述万用表测试二、三极管的简单步骤和方法。

（3）二极管整流电路如图 5-4 所示，观察分析电路，画出输入输出波形。

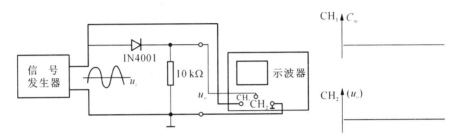

图 5-4　半波整流波形记录

【电学名人录】

斯坦梅茨（Charles Proteus Steinmetz，1865～1923）是德奇澳大利亚数学家和工程师，在交流电路的分析中引入了相量方法并以其在滞后理论方面的著作而闻名。斯坦梅茨出生于德国的布勒斯劳，一岁时就失去了母亲。青年时期由于政治活动被迫离开德国，那时候，他正在布勒斯劳大学即将完成他的数学博士论文。他移居瑞士后又去了美国。1893 年受雇于通用电气公司，同一年，他发表了论文，首次将复数应用于交流电路的分析中，而后又致力于专著"交流现象的理论和计算"，并在 1897 年由 McGraw-Hill 出版社出版。他一生写了许多本教材，1901 年成为美国电气工程协会（即后来的 IEEE）的主席。

5.1.2　交流电路参数的测定

1. 实验目的

（1）掌握交流电路中各元件参数的基本测试方法。

（2）熟悉正确使用调压器、交流电压表、交流电流表、功率表的接线方法。

2. 实验原理及说明

交流电路参数的测试方法很多，基本上可分为两大类：

（1）元件参数仪器测试法。如用万用表测电阻，阻容电桥测电感、电容以及使用各种专用参数仪器进行测量。

（2）元件参数"实际"测试法。即采用元件实际工作时的电压或电流通过计算得到其等效参数,这种方法具有实际意义,对线性和非线性元件都适用,例如测试变压器的等效参数必须在额定电压和额定电流情况下进行,测试铁心线圈参数也应该在实际工作电压或电流下进行,因为这些参数都与电压或电流大小有关。

① 二表法/一表法

采用电压表、电流表法/仅用电压表法来实验测量含有电感、电阻及电容组成的电路的等效参数,这种方法相应地称为"二表法"/"一表法"。

实验线路如图 5－5 所示。Z 为某一待测的二端网络,R 为一外加电阻,其阻值大小与精度与测量结果误差无关。用电压表分别测量出 U_1,U_R 及 U_2,用电流表读出 I 即可按比例画出电路相量图,若 Z 为电感元件则相量图如图 5－6 所示。

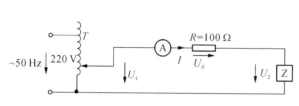

图 5－5　二表法/一表法测量原理图

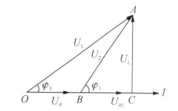

图 5－6　二表法测量电路相量图

取电流为参考相量,则 U_1,U_R 及 U_2 组成一个闭合三角形 OAB,而且有

$$U_1 = U_R + U_2 \tag{5-1}$$

由余弦定理可求出 $\cos\varphi_1$ 为

$$\cos\varphi_1 = (U_1^2 + U_R^2 - U_2^2)/(2U_1U_R) \tag{5-2}$$

由图 5－6 可知,$U_2 = U_{RL} + U_L$,即电压 U_2、U_{RL}、U_L 构成一个直角三角形,U_{RL} 为电感线圈内部电阻上的电压降分量。

由图 5－6 同样可知 U_{RL} 及 U_L 为

$$U_{RL} = U_1\cos\varphi_1 - U_R \tag{5-3}$$

$$U_L = U_1\sin\varphi_1 \tag{5-4}$$

于是可得

$$R_L = U_{RL}/I \tag{5-5}$$

$$L = U_L/(\omega I) = U_1/(2\pi f \cdot I) \tag{5-6}$$

同理,如果被测元件为一个电容或 R、L、C 组合的一端口网络,也可以求出它们的等效参数。

负载元件的功率因数为

$$\cos\varphi = U_{RL}/U_2 \tag{5-7}$$

由图 5－6 所示相量关系中可求得 $\cos\varphi$,也可直接由 U_1,U_2,U_R 计算得到

$$\cos(180° - \varphi) = \frac{U_2^2 + U_R^2 - U_1^2}{2U_2U_R}$$

$$\cos\varphi = \frac{U_1^2 - U_2^2 - U_R^2}{2U_2U_R} \tag{5-8}$$

在图 5-5 中如果外加串联电阻 R 的阻值预先已知,则图中电流表可省略,线路电流可直接由欧姆定律 $I = U_R/R$ 求出,其余计算方法与二表法相同。

如果在图 5-5 中去掉电流表,并用电压表测得 U_1,U_2 及 U_R 三个电压后即可利用下列各式直接求出负载元件的所有参数:

负载有功功率 　　　　$P = U_2 I\cos\varphi = \frac{U_1^2 - U_2^2 - U_R^2}{2R}$ 　　　　$(5-9)$

负载阻抗 　　　　$|Z| = U_2/I = U_2\dfrac{R}{U_R} = RU_2/U_R$ 　　　　$(5-10)$

负载电阻分量 　　　　$r = \dfrac{P}{I^2} = \dfrac{U_1^2 - U_2^2 - U_R^2}{2R} / (U_R/R)^2$ 　　　　$(5-11)$

负载感抗分量 　　　　$X_L = \sqrt{\left(\dfrac{RU_2}{U_R}\right)^2 - \left(\dfrac{R(U_1^2 - U_2^2 - U_R^2)}{2U_R^2}\right)^2}$ 　　　　$(5-12)$

负载电感量 　　　　$L = \dfrac{R}{2\pi f \cdot U_R}\sqrt{U_2^2 - \left(\dfrac{U_1^2 - U_2^2 - U_R^2}{2U_R}\right)^2}$ 　　　　$(5-13)$

负载无功功率 　　　　$Q = U_2 I\sin\varphi = U_2 I\sqrt{1 - \cos^2\varphi}$ 　　　　$(5-14)$

$$Q = \frac{U_2 U_R}{R}\sqrt{1 - \left(\frac{U_1^2 - U_2^2 - U_R^2}{2U_2U_R}\right)^2} \tag{5-15}$$

② 三表法

交流电路元件的等效参数,可以用交流电桥直接测量,也可以用交流电流表、交流电压表及功率表同时测出 U,I,P 的值,通过计算获得,这种方法简称"三表法"。

测量线路如图 5-7 所示。

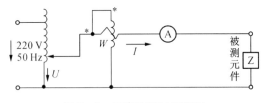

图 5-7　三表法测量原理图

如果被测元件是一个电感线圈,则由关系式 $Z = \dfrac{U}{I}$ 和 $\cos\varphi = \dfrac{P}{UI}$ 可计算其等值参数为

$$R = |Z|\cos\varphi \qquad L = X_L/\omega = |Z|\sin\varphi/\omega \tag{5-16}$$

如果被测元件为一电容器,则其等值参数为

$$R = |Z| \cos \varphi \qquad L = 1/\omega X_C = 1/\omega |Z| \sin \varphi \qquad (5-17)$$

如果被测对象不是一个元件,而是一个无源一端口网络,虽然可以从测得的 I、U、P 三个量中计算出网络的等值参数为

$$R = |Z| \cos \varphi \qquad X = |Z| \sin \varphi \qquad (5-18)$$

但仅通过测量不能判断出 X 是容抗还是感抗,即无法确定该网络的阻抗角是正还是负。为判断 φ 角的性质,可在网络端口并联一个试验小电容 C'(满足 $C' = 2\sin\varphi/\omega|Z|$),此时如果网络输入电流增加,则断定为容性,反之为感性。

3. 实验器材

(1)电源控制屏(1 座)

(2)大功率组合电阻箱 D01(1 台)

(3)互感日光灯实验单元 D04(1 个)

(4)电容箱单相变压器实验单元 D06(1 个)

(5)交流电压表(1 块)

(6)交流电流表(1 块)

(7)功率表(1 块)

(8)功率因数表(1 块)

4. 实验内容及步骤

(1)用电压表和电流表法测量端口网络的等值参数

图 5-8 中 L 为电感元件采用 20 W 日光灯中的镇流器,R_L 为其等效电阻,$R = 80\ \Omega$,$C = 10\ \mu F$。

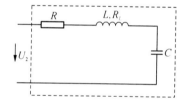

图 5-8　等值参数测量电路

将图 5-8 的一端口网络作为图 5-7 中待测参数的 Z,可调单相交流电源由电源控制屏输出,测量前应根据元件参数和仪表量限来适当选择网络输入电压 U_1,用电压表分别测量出 U_1、U_R、U_2,用电流表测出 I,记入表 5-5 中。

表 5-5　交流电路等值参数数据记录表 1

	$U_1(V)$	$U_R(V)$	$U_2(V)$	$I(mA)$
测量值				
计算值	$Z(\Omega)$	$\cos \varphi$	φ	$R_S = U_R/I$

(2)用功率表、电压表、电流表测量图 5-8 中一端口网络的等值参数。

将图 5-8 的一端口网络作为图 5-7 中待测参数的 Z,用功率表、电压表、电流表测出 U、I、P,记入表 5-6 中。

表 5-6 交流电路等值参数数据记录表 2

直接测量值			中间测量值			网络等效参数	
$U(\text{V})$	$I(\text{mA})$	$P(\text{W})$	$Z(\Omega)$	$\cos\varphi$	φ	$R(\Omega)$	L 或 C (mH)或(μF)
50							

(3) 为了判断被测一端口网络是容性还是感性,在网络端口并联一试验小电容 C'(此时电容要满足 $C' < 2\sin\varphi/\omega|Z|$)的条件,若此时输入电流增加了,则可确定被测元件为容性,反之为感性。

5. 预习要求

(1) 复习正弦交流电路中,RLC 串联电路的电压三角形、功率三角形等主要内容。

(2) 预习交流电路中测量仪表和仪器的使用方法。

6. 实验报告要求

(1) 整理测量结果,完成数据列表。

(2) 判断网络负载性质的试验电容 C' 的值为什么要小于 $2\sin\varphi/\omega|Z|$?试用相量图说明。

【电学名人录】

拉普拉斯(Laplace Pierre-Simon marquisde,1749~1827) 法国数学家、天文学家,法国科学院院士。是天体力学的主要奠基人、天体演化学的创立者之一,也是分析概率论的创始人,应用数学的先驱。

拉普拉斯从青年时期就显示出卓越的数学才能,18 岁时他以一篇出色的力学论文使达朗贝尔另眼相看,而后被推荐到巴黎军事学校教书。1795 年任巴黎综合工科学校教授,后又在高等师范学校任教授,1816 年被选为法兰西学院院士,后任该院院长。1827 年卒于巴黎。

拉普拉斯同拉瓦锡在一起测定了许多物质的比热,并证明了将一种化合物分解为其组成元素所需的热量就等于这些元素形成该化合物时所放出的热量。这可以看作是热化学的开端,也是继布拉克关于潜热的研究工作之后向能量守恒定律迈进的又一个里程碑。

拉普拉斯把牛顿的万有引力定律应用到整个太阳系,1773 年解决了一个当时著名的难题:解释木星轨道为什么在不断地收缩,而同时土星的轨道又在不断地膨胀。拉普拉斯用数学方法证明行星平均运动的不变性,即行星的轨道大小只有周期性变化,并证明为偏心率和倾角的三次幂,这就是著名的拉普拉斯定理。1784~1785 年,他求得天体对其外任一质点的引力分量可以用一个势函数来表示,这个势函数满足一个偏微分方程,即著名的拉普拉斯方程。1786 年,他证明行星轨道的偏心率和倾角总保持很小和恒定,能自动调整,即摄动效应是守恒和周期性的,不会积累也不会消解。1787 年发现月球的加速度同地球轨道的偏心率有关,从理论上解决了太阳系动态中观测到的最后一个反常问题。1796 年他的著作《宇宙体系论》问世,书中提出了对后来有重大影响的关于行星起源的星云假说。1799~1825 年出版 5 卷 16 册巨著《天体力学》,书中第一次提出天体力学这一名词,是经典天体力学的代表作。

拉普拉斯发表的天文学、数学和物理学的论文有 270 多篇,专著合计有 4 000 多页。其中最有代表性的专著有《天体力学》、《宇宙体系论》和《概率分析理论》。他在研究天体问题的过程中,创造和发展了许多数学方法,如拉普拉斯变换、拉普拉斯定理和拉普拉斯方程,在科学技术的各个领域有着广泛的应用。

5.1.3　日光灯电路及功率因数的提高

1. 实验目的

（1）学习交流电表的使用。

（2）验证交流电路中电流、电压和功率的关系。

（3）理解提高功率因数的意义，并学会提高感性负载电路功率因数的方法。

（4）观察并研究电容与感性支路并联时电路中的谐振现象。

2. 实验原理及说明

在工业及生活用电中，大部分都是感性负载，功率因数 $\lambda = \cos\varphi < 1$，如日光灯，感应电机等。若电路中电压和电流有相位差，则当电路发生能量交换时，就会出现两个问题。

（1）发电设备的容量不能充分利用

已知发电设备可提供的有功功率表达式为：

$$P = U_N I_N \cdot \cos\varphi \qquad\qquad (5-19)$$

由式（5-19）知，当功率因数越小，视在功率一定的变压器可提供有功功率的能力越小，即带负载能力越弱。

例如容量为 500 kW 的变压器，如果功率因数 $\cos\varphi = 0.9$，即可提供 450 kW 的有功功率；若功率因数 $\cos\varphi = 0.7$，则只能提供 350 kW 的有功功率。

（2）增加线路损耗

当变压器提供的有功功率 P 和供电电压一定时，如果功率因数越大，则线路中的电流越小，因此线路的有功损耗也就越小。

由以上不难看出，提高电路功率因数不但有利于充分利用电源设备，同时还能减少线路损耗。

功率因数不高的根本原因在于负载。生产和生活中最常使用的三相异步电动机的功率因数约为 0.6～0.8 左右，照明电路特别是日光灯电路的功率因数只有 0.5 左右。因此，对于一个企业来讲，提高功率因数有非常大的实际意义。

提高功率因数，常用的方法就是在感性负载两端并联电容器，其电路图与相量图如图5-9所示。

并联电容后，感性支路电流 $I_L = \dfrac{U}{\sqrt{R^2 + X_L^2}}$ 与功率因数 $\cos\varphi_1 = \dfrac{R}{\sqrt{R^2 + X_L^2}}$ 均未发生改变，这是因为供电电压和感性支路参数在并联电容后没有改变。从相量图上能看出，并联电容后，供电电压 U 与线路中的总电流 I 的相位差变小了，即整个电路的功率因数 $\cos\varphi$ 变大了，从而提高了整个电路的功率因数。

日光灯电路主要由灯管、镇流器和启辉器三部分组成。灯管是一根抽成真空的玻璃管，内有灯丝。灯管在高压下点燃，可近似为电阻负载。镇流器是个铁心线圈，可近似看作大电感。当日光灯电路工作时，灯管（电阻）与镇流器（电感）串联，即组成如图 5-9(a)所示的感性电路。

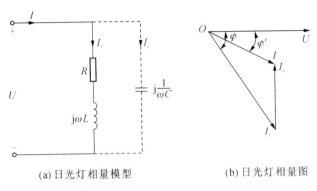

(a) 日光灯相量模型　　　　　　　(b) 日光灯相量图

图 5 - 9　日光灯电路

（3）功率测量

交流负载的有功功率通常采用电动式功率表测量。

电动式功率表内部有两个线圈，一个是固定的，称为电流线圈；另一个为活动的线圈，称为电压线圈，如图 5 - 10（a）所示。测量功率时，电流线圈串接到被测电路中，线圈中电流即负载电流；电压线圈并联接在被测电路两端，电压线圈的端电压即被测负载的电压，如图 5 - 10（b）所示。当交流电同时作用于电压线圈和电流线圈时，功率表便可测量出负载有功功率。

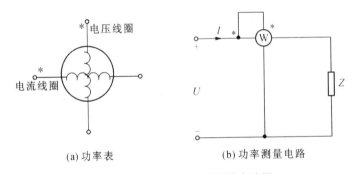

(a) 功率表　　　　　　　　　　(b) 功率测量电路

图 5 - 10　功率表及功率测量电路图

电动式功率表指针偏转方向与两个线圈中的电流方向有关，为此要在表上明确标出能使指针正向偏转的电流方向。通常分别在每个线圈的端钮上标有符号"＊"，该端钮称之为"电源端"，如图 5 - 10（a）所示。接线时应使两线圈的"电源端"接在电源的同一极性上，以保证两线圈的电流都从该端钮流入，功率表接线如图 5 - 10（b）所示。

3. **实验器材**

（1）DG - 3 型现代电工电子综合实验系统，交流电源单元（1 块）

（2）DG - 3 - 11 型交流电压/电流表单元（1 块）

（3）JD - 1 型交流电路实验箱（1 只）

（4）DG - 3 - 13 型多功能交流仪表单元（1 块）

（5）交流连接导线（若干）

4. 实验内容及步骤

（1）日光灯电路参数测定

① 按线路图 5 - 11 正确接线（电容未接入，镇流器等效电感 $L=1.85$ H，灯管的等效电阻 $R=775$ Ω，电源电压是有效值 $U=220$ V，频率为 50 Hz 的正弦电压）。

接线经检查无误后，合上主电路电源，调节主控制屏输出电源，使输出电压为 220 V。接通电源后，灯管发光。

② 测出电路的功率 P、电流 I_1、电源电压 U、灯管电压 U_1、镇流器两端电压 U_2，填入表 5 - 7 中，并计算表 5 - 7 中需计算的各项内容。

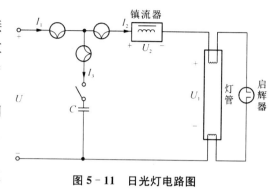

图 5 - 11　日光灯电路图

表 5 - 7　日光灯测量记录表

测量值					计算值				
P(W)	I_1(A)	U(V)	U_1(V)	U_2(V)	U_1+U_2	$\sqrt{U_1^2+U_2^2}$	$U*I_1$	U_1*I_1	$\cos\varphi$

（2）接入电容后，测量和观察电路变化

保持输入电压不变，从小到大增加电容容量值，测量总电流 I_1、电路有功功率 P、灯管电压 U_1、镇流器两端电压 U_2、灯管电流 I_2、流过电容的电流 I_3，填入表 5 - 8 中，并计算表中需计算的各项内容。

表 5 - 8　并联电容后日光灯测量记录表

C(nF)	测量结果					计算结果
	P(W)	U(V)	I_1(A)	I_2(A)	I_3(A)	$\cos\varphi$
200						
300						
400						
500						
600						
700						
800						
900						

5. 预习要求

（1）复习日光灯电路工作原理。

（2）复习提供功率因数的意义和方法。

（3）预习交流电压表、电流表、功率表的使用方法。

（4）复习如何增大电容，采用并联还是串联电容的方法。

6. 实验报告要求

（1）整理实验电路和实验数据、表格。

（2）绘制 $\cos\varphi - C$、$I_1 - C$ 曲线，并加以讨论。

（3）整理实测数据，分析日光灯电路并联电容后，电路中哪些量变化了，哪些量未发生变化？并解释之。

【电学名人录】

　　亥姆霍兹（Hermann Ludwig Ferdinand von Helmholtz, 1821～1894）德国物理学家、生理学家。1821 年 10 月 31 日生于柏林的波茨坦。中学毕业后由于经济上的原因未能进大学，毕业后在军队服役八年，取得公费进入柏林的王家医学科学院。学习期间，还在柏林大学听了许多化学和生理学课程，自修了拉普拉斯、毕奥和伯努利等人的数学著作和康德的哲学著作。1842 年获得医学博士学位后，被任命为驻波茨坦驻军军医，1849 年他应聘任柯尼斯堡大学生理学和普通病理学教授。1858 年任海德尔堡大学生理学教授。1871 年接替马格诺斯任柏林大学物理学教授。1873 年当选为英国伦敦皇家学会的外国会员，被授予柯普利奖章。1882 年受封爵位。

1887 年被任命为新成立的柏林夏洛滕堡物理技术学院院长。1894 年 9 月 8 日在夏洛滕堡逝世。

5.2　引导性实验

5.2.1　一阶电路的过渡过程

1. 实验目的

（1）研究一阶电路的过渡过程。

（2）学习一阶电路时间常数的测量方法。

（3）掌握有关微分电路和积分电路的测试方法。

（4）进一步学会用示波器观测波形。

2. 实验原理及说明

　　含有一个独立贮能元件，可用一阶微分方程描述的电路，称为一阶电路。电路换路后从一个稳定状态到达另一稳定状态的过程称为电路的过渡过程。

　　若电路的初始储能为零，仅由外加独立电源作用所产生的响应称为零状态响应。电路在换路后无外加独立电源，仅由电路中动态元件初始储能而产生的响应称为零输入响应。

　　电路的过渡过程是十分短暂的单次变化过程，一般用双踪示波器观察电路的过渡过程并测量有关的参数。

　　一阶电路的时间常数 τ 是一个非常重要的物理量，它决定零输入响应和零状态响应（按指数规律）变化的快慢。

　　RC 串联电路的时间常数计算公式为：

$$\tau = RC \tag{5-20}$$

在图 5-12 所示电路中,若开关 K 打向 1,且电容的初始储能为零,RC 电路的零状态响应为:

$$u_C(t) = U_S(1 - e^{-\frac{t}{RC}}) = U_S(1 - e^{-\frac{t}{\tau}}) \tag{5-21}$$

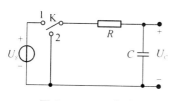

图 5-12 RC 电路

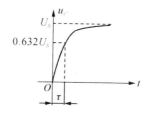

图 5-13 零状态响应电路的时间常数的测量

当 $t = \tau$ 时,$U_C(\tau) = 0.632U_S$,即时间常数 τ 可由响应波形幅值由 0 增长到 $0.632U_S$ 所对应的时间测得,响应曲线波形如图 5-13 所示。

开关 K 打向 2,电容有初始储能,且 $u_C(0) = U_S$,RC 电路零输入响应为:

$$u_C(t) = U_S \cdot e^{-\frac{t}{RC}} = U_S \cdot e^{-\frac{t}{\tau}} \tag{5-22}$$

当 $t = \tau$ 时,$u_C(\tau) = 0.368U_S$,此时所对应的时间就等于 τ,响应曲线如图 5-14 所示。

通常电路的时间常数可从示波器显示的响应曲线中测量出来。

微分电路和积分电路是较典型的一阶电路。在方波激励下,当电路元件参数和输入信号的周期满足一定要求时,输出电压波形和输入电压波形之间构成特定(微分或积分)关系。

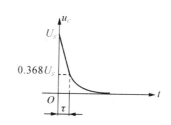

图 5-14 零输入响应电路的时间常数的测量

在图 5-15 所示 RC 电路中,电阻 R 两端的电压作为响应输出,输入信号 u_S 为方波,方波信号的周期为 T,脉冲宽度为 $T/2$,若满足时间常数 $\tau = RC \ll \dfrac{T}{2}$,电路的输出电压与输入信号近似成微分关系,即:

$$u_R = RC \frac{du_C}{dt} \approx RC \frac{du_S}{dt} \tag{5-23}$$

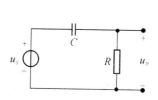

图 5-15 微分电路

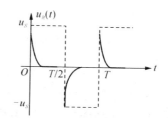

图 5-16 微分电路输入输出波形

此电路称为微分电路,其响应波形为正负尖脉冲,微分电路的输入输出波形如图 5-16 所示,即利用微分电路可以将方波转变成尖脉冲。

若将图 5-15 中的 R 与 C 位置调换,由 C 两端的电压作为响应输出,且满足 $\tau = RC \gg \dfrac{T}{2}$ 时,即构成积分电路,电路如图 5-17 所示。

电路的输出电压与输入信号近似成积分关系,即:

$$u_C = \frac{1}{C} \int \frac{u_S}{R} \mathrm{d}t = \frac{1}{RC} \int u_S \mathrm{d}t \tag{5-24}$$

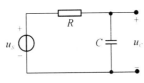

图 5-17　积分电路

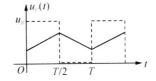

图 5-18　积分电路输入输出波形

该电路称为积分电路,当输入信号为方波时,其输出端得到近似三角波的电压,积分电路的输入输出波形如 5-18 所示,即利用积分电路可以将方波转变成三角波。

3. 实验器材

(1) 双踪示波器(1 台)

(2) 函数信号发生器(1 台)

(3) 一阶/二阶动态电路单元(1 块)

4. 实验内容及步骤

实验线路板的结构如图 5-19 所示,认清 R、C 元件的布局及其标称值,各开关的通断位置等。

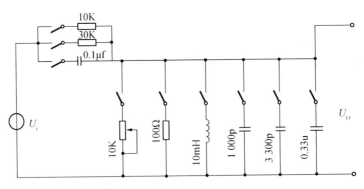

图 5-19　一阶 RC 动态电路单元结构

(1) RC 串联电路的零状态响应和零输入响应

① 在实验箱上选择电阻 $R = 10\ \mathrm{k\Omega}$ 和电容 $C = 3\ 300\ \mathrm{pF}$,并按图 5-12 连线组成 RC 串联电路,电路输入 u_S 为方波信号,即函数信号发生器的波形类型选为方波,且设置其电压峰-峰值为 4 V、周期 1 ms、占空比为 50%,电路的输出为电容电压。将激励 u_S 和响应 u_C 信

号分别连至双踪示波器的两个输入口,用示波器观察激励与响应的变化规律,定量描绘出输出波形,并测算出时间常数 τ 并将数据和波形记入表 5－9 中。

表 5－9　时间常数的测定 1

$R=10\ \mathrm{k\Omega}$	$\tau=RC$ （理论值）	时间常数 τ （测量值）	观察波形
$C=1\ 000\ \mathrm{pF}$			
$C=3\ 300\ \mathrm{pF}$			

② 改变 R 或 C,观察对输出电压 u_C 的影响,叙述观察结果并将数据和波形记入表 5－10 中。

表 5－10　时间常数的测定 2

$R=10\ \mathrm{k\Omega}$	$\tau=RC$ （理论值）	时间常数 τ （测量值）	观察波形
$C=1\ 000\ \mathrm{pF}$			
$C=3\ 300\ \mathrm{pF}$			

(2) 观测由 RC 组成的微分电路

取 $R=10\ \mathrm{k\Omega}$、$C=0.1\ \mathrm{\mu F}$,按图 5－15 接线。u_S 设置为方波信号,其电压峰-峰值为 4 V、周期 1 ms、占空比为 50%,输出为电阻两端电压 u_R,由于时间常数远远小于脉冲宽度 0.5 ms,故为微分电路。将 u_S、u_R 的波形图画在表 5－11 中,并标明有关的波形参数。电容 $C=0.1\ \mathrm{\mu F}$ 不变,将 10 kΩ 电位器接入电路中,定性观察电阻的变化对响应信号 u_R 的影响。

表 5－11　微分电路的观测

$C=0.1\,\mu\mathrm{F}$	时间常数 τ 与 $T/2$ 的关系	观察波形	观察波形
$R=100\,\Omega$		$u_S(t)$ t	$u_R(t)$ t
$R=1\,\mathrm{M}\Omega$		$u_S(t)$ t	$u_R(t)$ t

（3）观测由 RC 组成的积分电路

取 $R=10\,\mathrm{k}\Omega$、$C=0.1\,\mu\mathrm{F}$，按图 5－17 接线。u_S 设置为方波信号，其电压峰-峰值为 4 V、周期 1 ms、占空比为 50%，输出为电容两端电压 u_C，由于时间常数远远大于脉冲宽度 0.5 ms，故为积分电路。将 u_S、u_R 的波形图画在表 5－12 中，并标明有关的波形参数。

表 5－12　积分电路的观测

输入频率	时间常数 τ 与 $T/2$ 的关系	观察波形	观察波形
500 Hz		$u_S(t)$ t	$u_C(t)$ t
1 kHz		$u_S(t)$ t	$u_C(t)$ t
5 kHz		$u_S(t)$ t	$u_C(t)$ t

（4）注意事项

① 调节电子仪器各旋钮时，动作不要过猛。实验前，需熟读双踪示波器的使用说明，特别是观察双踪时，要特别注意开关、旋钮的操作与调节。

② 信号源的接地端与示波器的接地端要连在一起（称共地），以防外界干扰而影响测量的标准性。

③ 示波器的辉度不应过亮，尤其是光点长期停留在荧光屏上不动时，应将辉度调暗，以延长示波器的使用寿命。

5. 预习要求

（1）预习教材中有关 RC 一阶电路响应的内容。

（2）复习函数信号发生器和示波器的使用方法。

6. 实验报告要求

（1）整理实验电路和实验数据、表格。

（2）根据实验观测结果在方格纸上绘制 RC 一阶电路充电、放电时 u_C 的变化曲线，由曲线测得 τ 值，并与计算结果作比较，分析误差原因。

（3）根据实验观测结果，归纳、总结积分电路和微分电路的形成条件，阐明波形变换的特征。

（4）心得体会及其他。

【电学名人录】

安德烈·玛丽·安培（André—Marie Ampère，1775～1836），法国化学家，在电磁作用方面的研究成就卓著，对数学和物理也有贡献。

安培最主要的成就是 1820～1827 年对电磁作用的研究：① 发现了安培定则；② 发现电流的相互作用规律；③ 发明了电流计；④ 提出分子电流假说；⑤ 总结了电流元之间的作用规律——安培定律。安培在数学和化学方面也有不少贡献。他曾研究过概率论和积分偏微方程；他几乎与戴维同时认识元素氯和碘，导出过阿伏伽德罗定律，论证过恒温下体积和压强之间的关系，还试图寻找各种元素的分类和排列顺序关系。安培的研究还涉及哲学领域，甚至还研究过植物分类学上的复杂问题。

1836 年，安培在马赛去世，享年 61 岁。后人为了纪念安培，用他的名字来命名电流强度的单位，简称"安"。

5.2.2　二阶电路的过渡过程

1. 实验目的

（1）学习用实验的方法研究二阶动态电路的响应，了解电路元件的参数对响应的影响。

（2）观察二阶电路的三种过渡状态，即非振荡、振荡与临界状态，学习利用响应波形测量电路有关参数的方法。

2. 实验原理及说明

（1）RLC 串联电路在零输入条件下对应三种状态的响应。

RLC 串联电路如图 5−20 所示。

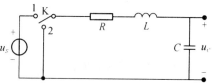

图 5−20　RLC 串联电路

开关 K 扳到 2 时，RLC 串联电路的微分方程为：

$$LC\frac{\mathrm{d}^2 u_C}{\mathrm{d}t^2} + RC\frac{\mathrm{d}u_C}{\mathrm{d}t} + u_C = 0 \tag{5-25}$$

RLC 串联电路，无论是零输入响应或是零状态响应，电路过渡过程的性质完全由特征方程决定，其特征根为：

$$p_{1,2} = -\frac{R}{2L} \pm \sqrt{\left(\frac{R}{2L}\right)^2 - \left(\frac{1}{LC}\right)^2} = -\alpha \pm \sqrt{\alpha^2 - \omega_o^2} = -\alpha \pm \omega_d \tag{5-26}$$

其中：$\alpha = \dfrac{R}{2L}$ 称为衰减系数，$\omega_0 = \dfrac{1}{\sqrt{LC}}$ 称为振荡角频率，$\omega_d = \sqrt{\omega_0^2 - \alpha^2}$ 称为衰减振荡角频率。当选择不同的 R、L、C 参数时，会产生三种不同状态的响应，即过阻尼、欠阻尼和临界阻尼三种状态。

① 当电阻 $R > 2\sqrt{\dfrac{L}{C}}$ 时，$\alpha > \omega_0$，称过阻尼状态。特征根为两个不等的实根，过阻尼状态时的响应为：

$$u_C = A_1 \mathrm{e}^{p_1 t} + A_2 \mathrm{e}^{p_2 t} \tag{5-27}$$

式(5-27)中 A_1 和 A_2 是常数，其值由电路初始值确定。此时电压响应呈现出非周期性衰减的特点，波形如图 5-21。

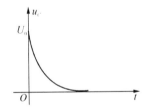

图 5-21 过阻尼状态时的电压波形

图 5-22 欠阻尼状态时的电压波形

② 当电阻 $R < 2\sqrt{\dfrac{L}{C}}$ 时，$\alpha < \omega_0$，称为欠阻尼状态。特征根为两个共轭复数根：$p_{1,2} = -\alpha \pm \mathrm{j}\omega_d$，其响应为：

$$u_C = A\mathrm{e}^{-\alpha t}\sin(\omega_d t + \psi) \tag{5-28}$$

式(5-28)中 A 和 ψ 是常数，由电路参数和电路的初始值确定。这时，电压响应具有衰减振荡的特点，电压波形如图 5-22 所示。

若开关 K 打向 1，当电路处于欠阻尼状态时，零状态响应 u_C 的表达式为：

$$u_C = U_S\left[1 - \frac{\omega_0}{\omega_d}\mathrm{e}^{-at}\sin\left(\omega_d t + \arctan\frac{\omega_d}{\alpha}\right)\right] \tag{5-29}$$

此时处于欠阻尼状态下的振荡波形如图 5-23 所示。用示波器读取 T 及 U_{m1}、U_{m2}，则衰减系数为：$\alpha = \ln\dfrac{U_{m1}}{U_{m2}}$，振荡角频率为：$\omega_0 = \dfrac{2\pi}{T}$，衰减振荡角频率为：$\omega_d = \sqrt{\omega_0^2 - \alpha^2}$。

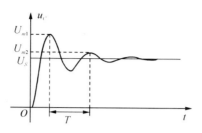

图 5 - 23　欠阻尼状态时衰减系数 α 和振荡周期 T 的测量

③ 当电阻 $R = 2\sqrt{\dfrac{L}{C}}$ 时，$\alpha = \omega_0$，称为临界状态。特征根为两个相等的负实根：$p_{1,2} = -\alpha$，其响应为：

$$u_C = (A_1 + A_2 t)e^{-at} \tag{5 - 30}$$

此时，$\omega_d = 0$，暂态过程界于非周期与周期之间，其本质属于非周期暂态过程。

3. 实验器材

(1) 双踪示波器(1 台)

(2) 函数信号发生器(1 台)

(3) 一阶/二阶动态电路单元(1 块)

4. 实验内容及步骤

(1) 二阶电路工作在不同状态时的波形测试

按图 5 - 20 连接电路，从信号发生器输出一个幅值为 2 V、频率为 1 kHz、占空比为 50% 的方波信号。选择合适的电阻 R 值，使电路分别工作在欠阻尼、临界阻尼和过阻尼状态。用示波器观察电容电压的波形，并记入于表 5 - 13 中。

表 5 - 13　三种工作状态的测试波形

	欠阻尼状态 $R < 2\sqrt{\dfrac{L}{C}}$	临界状态 $R = 2\sqrt{\dfrac{L}{C}}$	过阻尼状态 $R > 2\sqrt{\dfrac{L}{C}}$
电阻 R			
观察波形			

(2) 不同参数下衰减振荡波形的测定

信号发生器输出一个幅值为 2 V、频率为 1 kHz、占空比为 50% 的方波信号。电路参数：$L = 10$ mH、$C = 0.022$ μF。保证电路处于欠阻尼状态，电阻分别取 300 Ω、750 Ω、1 000 Ω 三个不同阻值，用示波器观察输出波形，并根据波形计算出各自的衰减系数和振荡角频率,将数据和波形分别记入表 5-14 中。

表 5-14　欠阻尼状态时不同参数下的 α、ω_0 的测定

		$R=300\ \Omega$	$R=750\ \Omega$	$R=1\,000\ \Omega$
衰减系数 α	理论值			
	测量值			
振荡频率 ω_0	理论值			
	测量值			
观察波形		$u_c(t)$　　　O　　　t	$u_c(t)$　　　O　　　t	$u_c(t)$　　　O　　　t

5. 预习要求

(1) 复习有关电路过渡过程的知识。

(2) RLC 串联电路的暂态过程中 u_R、u_C 和 u_L 波形各有何特点?

6. 实验报告要求

(1) 根据观测结果,绘制二阶电路过阻尼、临界阻尼、欠阻尼和无阻尼时的响应波形。

(2) 测算欠阻尼振荡曲线上的 α 与 ω_0。

(3) 归纳总结电路元件参数的改变对响应变化趋势的影响。

【奇妙的现象】

共振现象

希腊的学者阿基米德曾豪情万丈地宣称:给我一个支点,我能撬动地球。而现代的美国发明家特士拉更是"牛气",他说:用一件共振器,我就能把地球一裂为二!

他来到华尔街,爬上一座尚未竣工的钢骨结构楼房,从大衣口袋掏出一件小物品,把它夹在其中一根钢梁上,然后按动上面的一个小钮。数分钟后,可以感觉到这根钢梁在颤抖,慢慢地,颤抖的强度开始增加,延伸到整座楼房。最后,整个钢骨结构开始吱吱嘎嘎地发出响声,并且摇摆晃动起来。惊恐万状的钢架工人以为建筑出现了问题,甚至是闹地震了,于是纷纷慌忙地从高架上逃到地面。眼见事情越闹越大,他觉得这个恶作剧该收场了,就把那件小物品收了回来,然后从一个地下通道悄悄地溜走,留下工地上的那些惊魂未定、莫名其妙的工人。

上面这一段是一本书中有关美国著名发明家特士拉进行共振器发明的描写,里面所说的"小物品"便是一个共振器。可以预见,若是他把这个小物品再开上那么十来分钟,这座建筑物准会轰然倒地。书中说,用同样的这个小物品,在一小时不到的时间内,也能把布鲁克林大桥(连接纽约曼哈坦岛和长岛的大桥)摧毁,使之坠入幽深黑暗的海底。而且,在这本书里,特士拉甚至说:用这件小物品,我还能把地球一裂为二!

一件大不过拳头、重不过几斤的小东西,真的就有那么厉害,能把一座巍然耸立的大楼甚至是一座巨无霸似的大桥震垮?

原来,它是一件共振器,它的威力主要在于它能发出各种频率的波,这些不同频率的波作用于不同的物体,就能够相应地产生出一种共振波,当这种共振波达到一定程度时,就能使物体被摧毁。

共振是物理学上的一个使用频率非常高的专业术语。共振的定义是两个振动频率相同的物体,当一个发生振动时,引起另一个物体振动的现象。共振在声学中亦称"共鸣",它指的是物体因共振而发声的现象,如两个频率相同的音叉靠近,其中一个振动发声时,另一个也会发声。而在电学中,振荡电路的共振现象称为"谐振"。

5.3 设计性实验

5.3.1 直流线性二端口网络参数的测量

5.3.1.1 实践性环节设计指导

1. 实验目的

(1) 加深理解无源线性二端口网络的基本理论。

(2) 学习二端口网络 Z 参数、Y 参数及传输参数的测试方法。

(3) 深入理解二端口网络的三种不同连接方式:串联、并联与级联(链联),掌握部分二端口网络的参数与其组成的复合二端口网络的相应参数间的关系。

2. 实验原理及说明

(1) 二端口网络参数的测量

二端口网络参数的测量方法有同时测量法和分别测量法两种,测量原理分别说明如下。

(a) 二端口网络参数的同时测量法

无源线性二端口网络如图 5 - 24 所示,习惯上称 1 - 1′ 端口为输入端口,称 2 - 2′ 端口为输出端口,两端口处的电压和电流方向统一按图中标定的方向选定。可以用网络参数来表征二端口的特性,这些参数只决定于二端口网络内部的元件和结构,而与输入(激励)无关。网络参数确定之后,描述两个端口处电压电流关系的特性方程就唯一地确定了。

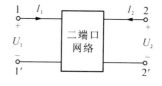

图 5 - 24 无源线性二端口网络

① Z 参数方程。取二端口网络的电流 I_1 和 I_2 作输入变量,电压 U_1 和 U_2 作输出变量,则可得到二端口网络的 Z 参数特性方程,即:

$$\left.\begin{array}{l} U_1 = Z_{11} I_1 + Z_{12} I_2 \\ U_2 = Z_{21} I_1 + Z_{22} I_2 \end{array}\right\} \tag{5-31}$$

式(5-31)中的 Z_{11}、Z_{12}、Z_{21}、Z_{22} 称为二端口网络的开路阻抗参数(Z 参数),Z 参数可通过将一个端口开路,测出另一端口的电压、电流得到,即:

$$Z_{11} = \frac{U_1}{I_1}\bigg|_{I_2=0}$$

$$Z_{21} = \frac{U_2}{I_1}\bigg|_{I_2=0}$$

$$Z_{12} = \frac{U_1}{I_2}\bigg|_{I_1=0} \qquad (5-32)$$

$$Z_{22} = \frac{U_2}{I_2}\bigg|_{I_1=0}$$

由上可知,只要在二端口网络的输入端口加上电流源,令输出端口开路,根据上面的前两个公式即可求得输出端口开路时输入端处的输入阻抗 Z_{11} 和输出端口与输入端口之间的开路转移阻抗 Z_{21}。

同理,只要在双口网络的输出端口加上电流源,令输入端口开路,根据上面的后两个公式即可求得输入端口开路时输出端口处的输入阻抗 Z_{22} 和输入端口与输出端口之间的开路转移阻抗 Z_{12}。

当二端口网络为互易网络时,应有 $Z_{12}=Z_{21}$。

② Y 参数方程。取二端口网络的电压 U_1 和 U_2 作输入变量,电流 I_1 和 I_2 作输出变量,则二端口网络的 Y 参数特性方程为:

$$I_1 = Y_{11}U_1 + Y_{12}U_2 \atop I_2 = Y_{21}U_1 + Y_{22}U_2 \qquad (5-33)$$

式(5-33)中的 Y_{11}、Y_{12}、Y_{21}、Y_{22} 称为二端口网络的短路导纳参数(Y 参数),Y 参数可通过将一个端口短路,测出另一端口的电压、电流得到,即:

$$Y_{11} = \frac{I_1}{U_1}\bigg|_{U_2=0}$$

$$Y_{21} = \frac{I_2}{U_1}\bigg|_{U_2=0}$$

$$Y_{12} = \frac{I_1}{U_2}\bigg|_{U_1=0} \qquad (5-34)$$

$$Y_{22} = \frac{I_2}{U_2}\bigg|_{U_1=0}$$

当二端口网络为互易网络时,应有 $Y_{12}=Y_{21}$。

③ 传输参数(A/T)方程。取二端口网络的端电压 U_2 和电流 $-I_2$ 作输入变量,端电压 U_1 和电流 I_1 作输出变量,则二端口的特性方程为:

$$U_1 = AU_2 + B(-I_2) \atop I_1 = CU_2 + D(-I_2) \qquad (5-35)$$

式(5-35)中的 A、B、C、D 称为二端口网络的传输参数(A/T 参数),A 参数同样可以通

过实验得到,即:

$$A = \frac{U_1}{U_2}\bigg|_{I_2=0}$$

$$B = \frac{U_1}{-I_2}\bigg|_{U_2=0}$$

$$C = \frac{I_1}{U_2}\bigg|_{I_2=0}$$

$$D = \frac{I_1}{-I_2}\bigg|_{U_2=0}$$

$$\tag{5-36}$$

当二端口网络为互易网络时,应有 $AD - BC = 1$。

由上可知,只要在二端口网络的一个端口加上激励,令另一端口开路或短路,在两个端口同时测量电压和电流,即可求出相应传输参数,这种方法称为同时测量法。

(b) 二端口网络参数的分别测量法

测量一条远距离输电线构成的二端口网络,采用同时测量法就很不方便。这时可采用分别测量法。在二端口网络的一个端口上加上激励,令另一端口开路或短路,在本端口同时测量电压和电流,求出相应参数方法称为分别测量法。

在输入端口加电压,而将输出端口开路或短路,在输入端口测量其电压和电流,由传输方程得:

$$Z_{1O} = \frac{U_1}{I_1}\bigg|_{U_2=0}$$

$$Z_{1S} = \frac{U_1}{I_1}\bigg|_{U_2=0}$$

$$\tag{5-37}$$

在输出端口加电压,而将输入端口开路或短路,在输出端口测量其电压和电流,由传输方程得:

$$Z_{2O} = \frac{U_2}{-I_2}\bigg|_{I_1=0}$$

$$Z_{2S} = \frac{U_2}{-I_2}\bigg|_{U_1=0}$$

$$\tag{5-38}$$

即入口处的开路入端阻抗 Z_{O1}、短路入端阻抗 Z_{S1} 和出口处的开路入端阻抗 Z_{O2}、短路入端阻抗 Z_{S2} 分别表示一个端口开路或短路时另一端口的等效输入电阻。

求得测试参数后,可由测试参数与其他二端口参数之间的关系,计算得到所需的二端口参数。

对于无源线性二端口网络,传输参数 (A/T) 的四个参数只有三个是独立的,即 $AD - BC = 1$。

$$\left.\begin{aligned} A &= \sqrt{\frac{Z_{1O}}{Z_{2O} - Z_{2S}}} \\ B &= Z_{2S}A \\ C &= \frac{A}{Z_{1O}} \\ D &= Z_{2O}C \end{aligned}\right\} \tag{5-39}$$

（2）无源二端口网络等效电路的参数测量

无源二端口网络的外部特性可以用 3 个元件组成的 T 型或 Π 型等效电路来代替，其 T 型等效电路如图 5-25 所示，在开路阻抗参数 Z 已知的条件下，T 型等效电路中 Z_1、Z_2、Z_3 分别为：

$$\left.\begin{aligned} Z_1 &= Z_{11} - Z_{12} \\ Z_2 &= Z_{12} - Z_{21} \\ Z_3 &= Z_{22} - Z_{11} \end{aligned}\right\} \tag{5-40}$$

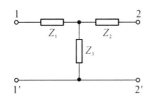

图 5-25　二端口网络 T 型等效电路

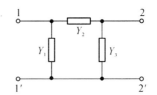

图 5-26　二端口网络 Π 型等效电路

无源二端口网络 Π 型等效电路如图 5-26 所示，在 Y 参数已知的条件下，二端网络 Π 型等效电路中 Y_1、Y_2、Y_3 分别为：

$$\left.\begin{aligned} Y_1 &= Y_{11} + Y_{12} \\ Y_2 &= Y_{22} + Y_{12} \\ Y_3 &= -Y_{12} = -Y_{21} \end{aligned}\right\} \tag{5-41}$$

（3）二端口网络的连接

① 二端口网络的双端接

在二端口网络的出口处接负载阻抗 Z_L，在入口处接一个内阻为 Z_S、端电压为 U_S 的电源，这样就构成一个有载二端口网络，如图 5-27 所示。

在已知 Z 参数的情况下，有载二端口的输入阻抗 Z_i 和输出阻抗 Z_o 分别表示为：

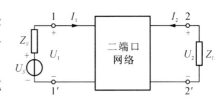

图 5-27　双端接的二端口网络

$$Z_i = Z_{11} - \frac{Z_{12}Z_{21}}{Z_{22} + Z_L} \tag{5-42}$$

$$Z_o = Z_{22} - \frac{Z_{12}Z_{21}}{Z_{11} + Z_S} \tag{5-43}$$

② 二端口网络有三种不同的连接方式:串联、并联和级联(链联),分别如图 5 - 28 的 (a)、(b) 和 (c) 所示。

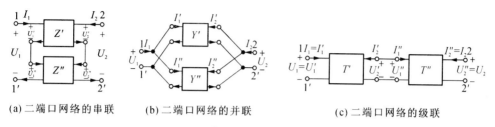

(a) 二端口网络的串联　　　(b) 二端口网络的并联　　　　　(c) 二端口网络的级联

图 5 - 28　二端口网络串联、并联和级联

二端口网络串联后的等效复合二端口网络,如图 5 - 28(a) 所示,其 Z 参数亦可采用前述求 Z 参数的方法求得。二端口网络串联后的等效 Z 参数与两个串联的部分二端口网络的 Z 参数之间关系为:

$$Z = \begin{bmatrix} Z_{11} & Z_{12} \\ Z_{21} & Z_{22} \end{bmatrix} = Z' + Z'' = \begin{bmatrix} Z'_{11} & Z'_{12} \\ Z'_{21} & Z'_{22} \end{bmatrix} + \begin{bmatrix} Z''_{11} & Z''_{12} \\ Z''_{21} & Z''_{22} \end{bmatrix} \tag{5-44}$$

其中:

$$\left. \begin{aligned} Z_{11} &= Z'_{11} + Z''_{11} \\ Z_{12} &= Z'_{12} + Z''_{12} \\ Z_{21} &= Z'_{21} + Z''_{21} \\ Z_{22} &= Z'_{22} + Z''_{22} \end{aligned} \right\} \tag{5-45}$$

二端口网络并联后的等效复合双口网络,如图 5 - 28(b) 所示,并联二端口网络的 Y 参数与两个并联的部分二端口网络的 Y 参数之间关系为:

$$Y = \begin{bmatrix} Y_{11} & Y_{12} \\ Y_{21} & Y_{22} \end{bmatrix} = Y' + Y'' = \begin{bmatrix} Y'_{11} & Y'_{12} \\ Y'_{21} & Y'_{22} \end{bmatrix} + \begin{bmatrix} Y''_{11} & Y''_{12} \\ Y''_{21} & Y''_{22} \end{bmatrix} \tag{5-46}$$

其中:

$$\left. \begin{aligned} Y_{11} &= Y'_{11} + Y''_{11} \\ Y_{12} &= Y'_{12} + Y''_{12} \\ Y_{21} &= Y'_{21} + Y''_{21} \\ Y_{22} &= Y'_{22} + Y''_{22} \end{aligned} \right\} \tag{5-47}$$

二端口网络级联后的等效双口网络,如图 5 - 28(c) 所示。二端口网络级联后的传输参数与两个级联的二端口网络的传输参数之间关系为:

$$T = \begin{bmatrix} A & B \\ C & D \end{bmatrix} = T' \cdot T'' = \begin{bmatrix} A' & B' \\ C' & D' \end{bmatrix} \begin{bmatrix} A'' & B'' \\ C'' & D'' \end{bmatrix} \tag{5-48}$$

其中:

$$
\left.
\begin{array}{l}
A = A'A'' + B'C'' \\
B = A'B'' + B'D'' \\
C = C'A'' + D'C'' \\
D = C'B'' + D'D''
\end{array}
\right\}
\tag{5-49}
$$

3. 实验器材

(1) 直流稳压电源(1 台)

(2) 直流电压表(1 块)

(3) 直流电流表(1 块)

(4) 电路分析实验箱(1 个)

4. 实验内容及步骤内容及步骤

(1) 二端口网络实验电路如图 5-29 所示。将直流稳压电源的输出电压调到 10 V,作为二端口网络的输入。

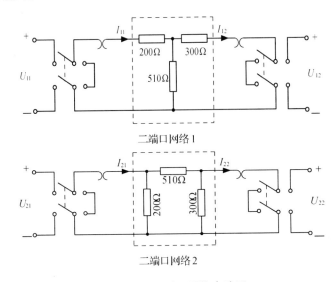

图 5-29　二端口网络电路图

(2) 按同时测量法分别测定两个二端口网络的传输参数 A_1、B_1、C_1、D_1 和 A_2、B_2、C_2、D_2,将数据填入表 5-15 和表 5-16 中,并列出它们的传输方程。

表 5-15　二端口网络 1 测试数据

双口网络Ⅰ		测量值				计算值	
	输出端开路 $I_{12}=0$	$U_{110}(V)$	$U_{120}(V)$	$I_{110}(mA)$	$I_{120}(mA)$	A_1	B_1
	输出端短路 $U_{12}=0$	$U_{11s}(V)$	$U_{12s}(V)$	$I_{11s}(mA)$	$I_{12s}(mA)$	C_1	D_1

表 5 - 16　二端口网络 2 测试数据

双口网络 II	输出端开路 $I_{12}=0$	测量值				计算值	
		U_{210} (V)	U_{220} (V)	I_{210} (mA)	I_{220} (mA)	A_2	B_2
	输出端短路 $U_{12}=0$	U_{21s} (V)	U_{22s} (V)	I_{21s} (mA)	I_{22s} (mA)	C_2	D_2

（3）将二端口网络级联后,用两端口分别测量法测量级联后等效二端口网络的传输函数 A、B、C、D,将数据填入表 5 - 17 中,并验证等效二端口网络传输参数与级联的两个二端口网络传输参数之间的关系。

表 5 - 17　二端口网络级联后测试数据

输出端开路 $I2=0$			输出端短路 $U2=0$			计算传输参数
U_{10} (V)	I_{10} (mA)	R_{10} (kΩ)	U_{1S} (V)	I_{1S} (mA)	R_{1S} (kΩ)	
输出端开路 $I2=0$			输出端短路 $U2=0$			
U_{20} (V)	I_{20} (mA)	R_{20} (kΩ)	U_{2S} (V)	I_{2S} (mA)	R_{2S} (kΩ)	$A=$ $B=$ $C=$ $D=$

5. 预习要求

（1）复习有关二端口网络的基本理论。

（2）设计一二端口网络。

（3）思考二端口网络同时测量法与分别测量法的测量步骤、优缺点及其适用情况。

（4）设计测试所需的数据表格。

6. 实验报告要求

（1）完成对数据表格的测量和计算任务。

（2）列写参数方程,验证复合后等效二端口网络的参数与两个二端口网络参数之间的关系。

（3）总结归纳二端口网络的测试技术。

（4）心得体会及其他。

5.3.1.2　仿真性环节设计

二端口网络仿真性环节的实验目的、实验原理及说明实验器材、预习要求、实验报告要求与实践性环节设计相同,这里不再重述。

一个线性无源互易双端口网络的四个参数中只有三个参数是独立的,即其端口对外特性可以用三个参数来表示。这就是说,只需进行三次计算或三次测量,即足以确定整组的四个参数。则其等效二端口网络最简可以由三个阻抗(或导纳)组成,这种网络有 T 型和 Ⅱ 型二种电路,分别如图 5-30 和图 5-31 所示。

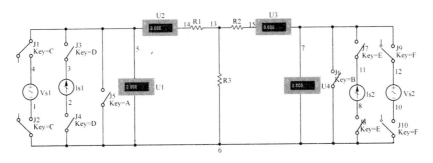

图 5-30 T 型等效二端口网络

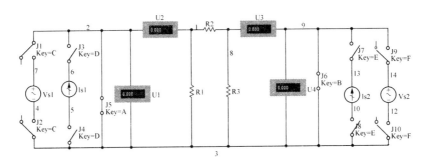

图 5-31 Ⅱ型等效二端口网络

给定 T 型网络各阻抗与双端口网络 Z 参数之间的关系为:

$$\left.\begin{aligned} Z_{11} &= Z_1 + Z_3 \\ Z_{22} &= Z_2 + Z_3 \\ Z_{12} &= Z_{21} = Z_3 \end{aligned}\right\} \tag{5-50}$$

$$\left.\begin{aligned} Z_1 &= Z_{11} - Z_{12} \\ Z_2 &= Z_{22} - Z_{12} \\ Z_3 &= Z_{12} = Z_{21} \end{aligned}\right\} \tag{5-51}$$

给定Ⅱ型网络各阻抗与双端口网络 Y 参数之间的关系为:

$$\left.\begin{aligned} Y_{11} &= Y_1 + Y_2 \\ Y_{22} &= Y_2 + Y_3 \\ Y_{12} &= Y_{21} = -Y_2 \end{aligned}\right\} \tag{5-52}$$

$$\left.\begin{aligned} Y_1 &= Y_{11} + Y_{12} \\ Y_2 &= Y_{22} + Y_{12} \\ Y_3 &= -Y_{12} \end{aligned}\right\} \tag{5-53}$$

仿真实验内容及步骤如下：

（1）根据图 5 - 30 和图 5 - 31 构建测试电路，图中所有电源均为同频率的正弦信号，选择电路元件 R_1、R_2、R_3 参数。

① 测试图 5 - 30 所示电路的 Z 参数

② 测试图 5 - 31 所示电路的 Y 参数

（2）根据图 5 - 32 构建级联型的复合二端口网络的测试电路，R_1、R_2、R_3 参数与图5 - 30 电路相同，并选择参数 $R_4 = R_1$、$R_5 = R_2$、$R_6 = R_3$。

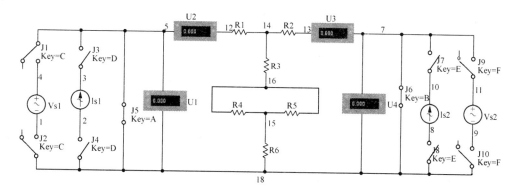

图 5 - 32　级联的二端口网络测试电路

测试电路的 Z 参数，验证 $Z = Z_1 + Z_2$。

（3）根据图 5 - 33 构建并联型的复合二端口网络的测试电路，R_1、R_2、R_3 参数与图5 - 31 电路相同，并选择参数 $R_4 = R_1$、$R_5 = R_2$、$R_6 = R_3$。

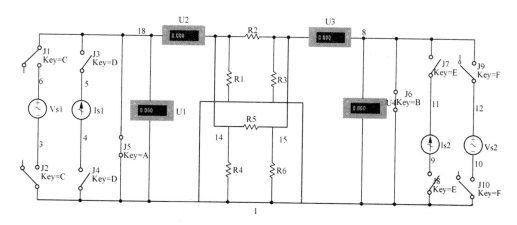

图 5 - 33　并联的二端口网络测试电路

测试电路的 Y 参数，验证 $Y = Y_1 + Y_2$。

另外，利用 Multisim 10 提供的网络分析仪，可以直接用来测量双端口网络的 S 参数（即 A/T 参数），并计算出 H、Y、Z 参数。网络分析仪的图标及面板如图 5 - 34 所示。

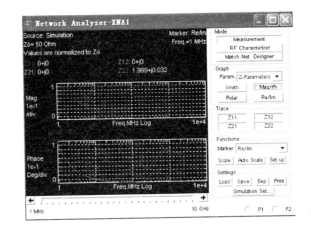

(a) 网络分析仪的图标　　　　　　　(b) 网络分析仪的面板

图 5 - 34　网络分析仪的图标及面板

在网络分析仪的 Mode 提供三种分析模式：Measurement 测量模式、RF Characterizer 射频特性分析、Match Net Designer 电路设计模式。

Graph：用来选择要分析的参数及模式，可选择的参数有 S 参数、H 参数、Y 参数、Z 参数等；模式选择有 Smith（史密斯模式）、Mag/Ph（增益/相位频率响应，波特图）、Polar（极化图）、Re/Im（实部/虚部）。

Trace：用来选择需要显示的参数。

Marker：用来提供数据显示窗口的三种显示模式：Re/Im 为直角坐标模式；Mag/Ph（Degs）为极坐标模式；dB Mag/Ph（Deg）为分贝极坐标模式。

Settings：用来提供数据管理。Load 读取专用格式数据文件；Save 存储专用格式数据文件；Exp 输出数据至文本文件；Print 打印数据。Simulation Set 按钮用来设置不同分析模式下的参数。

【实践小窍门】

电磁辐射的危害及其来源

在交流电的周围，存在着相互作用的交变电场和磁场，这就是电磁场。所谓电磁辐射就是电磁场的能量以电磁波的形式向周围空间传播的过程，它包括电离辐射（如 X 射线、γ 射线）和非电离辐射（如无线电波、微波、红外线和紫外线等）。人们通常所说的电磁辐射一般指非电离辐射。电磁辐射的程度可用场强大小来衡量，当电磁辐射超过人体或仪器设备所允许的安全辐射量时便形成电磁污染，电磁污染带来的危害是不容低估的。

专家证实，在电磁辐射下，会出现头痛、过敏、失眠、胸痛、眼睛损伤、神经衰弱、贫血、性功能障碍等症状，随着辐射强度的增高，还能引起细胞老化，抑制机体免疫，从而引起基因突变和染色体畸变，促使病毒活化或释放，以至于引发癌症。当然，它的严重性取决于辐射类型、强度和速度，即便是组织变性和癌变，也是蓄积多年后才有反应，一旦发现，很难治疗。

电磁辐射根据其产生的原因不同，可分为天然和非天然两种。天然的电磁辐射是一种自然现象，主要来源于雷电、太阳热辐射、宇宙射线、地球的热辐射和静电等；非天然的电磁辐射来源比较广泛，一般有以下四种途径，即

（1）来源于无线电发射台,如广播、电视发射台、雷达系统等。

（2）来源于工频强电系统,如高压输变电线路、变电站等。

（3）来源于应用电磁能的工业、医疗及科研设备,如电子仪器、医疗设备、激光照拍设备和办公自动化设备等。

（4）来源于人们日常使用的家用电器,如微波炉、电冰箱、空调、电热毯、电视机、录像机、电脑、手机等。

5.3.2 *RLC* 串联电路及串联谐振

5.3.2.1   实践性环节设计指导

1. 实验目的

（1）学习用实验方法绘制 *RLC* 串联电路的幅频特性曲线。

（2）加深理解电路发生谐振的条件和特点。

（3）研究 *RLC* 串联电路品质因数 Q 的测定方法及其对频率特性曲线的影响。

2. 实验原理及说明

（1）*RLC* 串联电路的频率特性

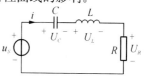

图 5-35   *RLC* 串联电路

RLC 串联电路如图 5-35 所示,激励 U_S 为正弦交流电压,响应取自电阻电压 U_R,则电路的频率响应函数为:

$$H(j\omega) = \frac{\dot{U}_R}{\dot{U}_s} = \frac{R}{R + j\omega L - j\dfrac{1}{\omega C}} = \frac{R}{\sqrt{R^2 + \left(\omega L - \dfrac{1}{\omega C}\right)^2}} \Big/ \arctan\frac{\omega L - \dfrac{1}{\omega C}}{R}$$

$$(5-54)$$

$$= | H(j\omega) | \angle \varphi(\omega)$$

电路的幅频特性和相频特性分别为:

$$| H(j\omega) | = \frac{R}{\sqrt{R^2 + \left(\omega L - \dfrac{1}{\omega C}\right)^2}} \qquad (5-55)$$

$$\varphi(\omega) = \Big/ \arctan\frac{\omega L - \dfrac{1}{\omega C}}{R} \qquad (5-56)$$

当正弦交流信号源 u_S 的频率 f 改变时,电路中的感抗和容抗随之而变,保持输入电压 u_S 的幅值 u_S 维持不变,在不同频率的信号激励下,测出 U_R 之值,然后以 ω 为横坐标,以 U_R/U_S 为纵坐标绘出曲线,此即为幅频特性曲线,如图 5-36 所示。当 $\omega = \omega_0 = \dfrac{1}{\sqrt{LC}}$ 时,$|H(j\omega)|$ 最大为 1,随着 ω 的增大或减小,$|H(j\omega)|$ 均减小,直至 $\omega \to 0$ 或 $\omega \to \infty$,$|H(j\omega)| \to 0$。

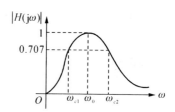

图 5-36   幅频特性曲线

（2）RLC 串联电路的谐振条件和特点

当 $\omega = \omega_0 = \dfrac{1}{\sqrt{LC}}$ 或 $f_0 = \dfrac{1}{2\pi\sqrt{LC}}$ 时，即幅频特性曲线尖峰所在的频率点称为谐振频率，此时 $X_L = X_C$，电路发生串联谐振，电路呈纯阻性，电路阻抗的模为最小。在输入电压 u_S 为定值时，电路中的电流达到最大值，且与输入电压 u_S 同相位。从理论上讲，此时 $u_S = U_R$，$U_L = U_C = Qu_S$，式中的 Q 称为电路的品质因数，定义为：

$$Q = \frac{\omega_0 L}{R} = \frac{1}{R\omega_0 C} = \frac{1}{R}\sqrt{\frac{L}{C}} \tag{5-57}$$

通常品质因数值可达几十至几百，因此串联谐振又称为电压谐振。

RLC 串联电路是一个带通滤波电路，根据半功率频率点定义计算的通带上截止频率 ω_{C2}、下截止频率 ω_{C1}，即上、下截止频率为幅度特性下降到最大值的 $1/\sqrt{2}(=0.707)$ 倍时的上、下频率，其值分别为：

$$\omega_{C2} = \frac{R}{2L} + \sqrt{\left(\frac{R}{2L}\right)^2 + \frac{1}{LC}}$$
$$\omega_{C1} = -\frac{R}{2L} + \sqrt{\left(\frac{R}{2L}\right)^2 + \frac{1}{LC}} \tag{5-58}$$

则电路通频带宽度 BW 为：

$$BW = \omega_{C2} - \omega_{C1} = \frac{R}{L} = \frac{\omega_0}{Q} \tag{5-59}$$

或　　　　　$$BW = f_{C2} - f_{C1} = \frac{f_0}{Q} \tag{5-60}$$

品质因数是描述谐振电路特性的重要参数，Q 值越大，曲线越尖锐，通频带越窄，电路的选择性越好。在恒压源供电时，电路的品质因数、选择性与通频带只决定于电路本身的参数，而与信号源无关。品质因数对幅频特性的影响如图 5-37 所示。

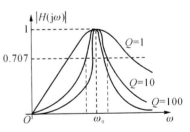

图 5-37　不同 Q 值的幅频特性

（3）谐振频率 f_0 和品质因数 Q 的测量方法

测量电路谐振频率 f_0 方法是，将毫伏表接在 R 两端，令信号源的频率由小逐渐变大（注意要维持信号源的输出幅度不变），当 U_R 的读数为最大时，读得频率值即为电路的谐振频率 f_0。

电路品质因数 Q 值有两种测量方法，一是根据公式 $Q = \dfrac{U_L}{U_S} = \dfrac{U_C}{U_S}$ 测定，U_C 与 U_L 分别为谐振时电容器 C 和电感线圈 L 上的电压；另一方法是通过测量谐振曲线的通频带宽度 $BW = f_{C2} - f_{C1} = \dfrac{f_0}{Q}$，再根据 $Q = \dfrac{f_0}{BW}$ 求出 Q 值。

3．实验器材

（1）函数信号发生器(1 台)

（2）双踪示波器(1 台)

（3）交流毫伏表(1 块)

（4）实验箱(1 个)

4．实验内容及步骤

（1）按图 5‑38 组成观测电路,用示波器观察信号源输出,即输入信号波形,维持输入电压 u_S 的幅值不变。将毫伏表接在电阻 R(510 Ω)两端,令信号源的频率由小逐渐变大(注意要维持信号源的输出幅度不变),当 U_R 的读数为最大值时,读得频率计上的频率值即为电路的谐振频率 f_0,并测量 U_C 与 U_L 之值,改变激励信号频率,测出 U_R、U_L、U_C 之值。

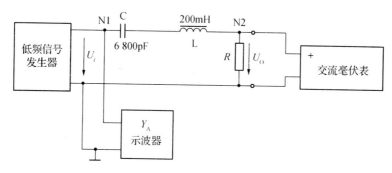

图 5‑38　RLC 串联谐振实验电路

（2）在谐振点两侧,按频率递增或递减 500 Hz 或 1 kHz,依次各取 8 个测量点,逐点测出 U_R、U_L、U_C 之值,数据记入表 5‑18 中。

表 5‑18　RLC 串联谐振路测试数据 1

f(kHz)									
U_R(V)									
U_C(V)									
U_L(V)									
U_i＝3 V,R＝510 Ω, f_0＝　　,Q＝　　,f_{C2}－f_{C1}＝									

（3）改变电阻值 R,重复步骤(2)的测量过程,数据记入表 5‑19 中。

表 5‑19　RLC 串联谐振路测试数据 2

f(kHz)									
U_R(V)									
U_C(V)									
U_L(V)									
U_i＝3 V,R＝2.2 kΩ,f_0＝　　,Q＝　　,f_{C2}－f_{C1}＝									

5. 预习要求

(1) 复习电路频率响应和 *RLC* 串联谐振的知识。

(2) 根据实验线路板给出的元件参数,估算电路的谐振频率。

(3) 改变电路的哪些参数可以使电路发生谐振,电路中 *R* 的数值是否影响谐振频率值。

6. 实验报告要求

(1) 根据测量数据,绘出不同 *Q* 值时三条幅频特性曲线,即:$U_R(f)$、$U_L(f)$、$U_C(f)$。

(2) 计算出通频带 *BW* 与品质因数 *Q* 值,说明不同 *R* 值时对电路通频带与品质因数的影响。

(3) 通过本次实验,总结归纳串联谐振电路的特性。

(4) 心得体会及其他。

5.3.2.2　仿真性环节设计

RLC 串联电路及串联谐振仿真性环节的实验目的、实验原理及说明、实验器材、预习要求、实验报告要求与实践性环节设计相同,这里不再重复。*RLC* 串联的仿真电路如图 5 - 39 所示。

RLC 串联电路及串联谐振仿真实验内容及步骤如下:

(1) 根据图 5 - 39 构建电路,信号发生器 XFG1 输出正弦信号,U_1、U_2 分别为交流电压表和电流表,用双通道示波器 XSC1 观察输入输出波形,波特图仪 XBP1 观察电路的频率特性。

(2) 选定电路参数测量电路频率特性,估算电路的谐振频率。

(3) 改变电路参数,观察电路参数对电路的谐振频率和品质因数影响。

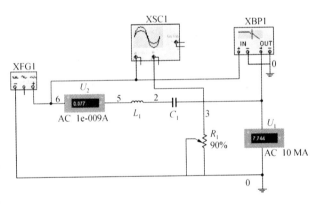

图 5 - 39　*RLC* 串联的仿真电路

【知识加油站】

电池的常用标准

IEC 标准即国际电工委员会(International Electrical Commission),是由各国电工委员会组成的世界性标准化组织,其目的是为了促进世界电工电子领域的标准化。

电池常用 IEC 标准有镍镉电池的标准为 IEC602851999;镍氢电池的标准为 IEC614361998.1;锂电池的标准为 IEC619602000.11。电池常用国家标准有:

镍镉电池的标准为 GB/T11013_1996,GB/T18289_2000;

镍氢电池的标准为 GB/T15100_1994,GB/T18288_2000;

锂电池的标准为 GB/T10077_1998,YD/T998_1999,GB/T18287_2000。

另外电池常用标准也有日本工业标准 JISC 关于电池的标准及 PANASONIC 公司制定的关于电池企业标准。

5.3.3 常用电子仪器仪表的综合应用实验

1. 实验目的

(1)掌握常用电工仪表、仪器的使用方法

(2)学习非正弦周期激励电路的参数测量方法

2. 实验原理及说明

非正弦周期激励电路可采用谐波分析法分析:即应用傅里叶级数展开法,先将非正弦周期激励电压、电流信号分解为一系列不同频率的正弦量之和;然后根据叠加定理,分别计算在各个正弦量单独作用下在电路中产生的同频率正弦电流分量和电压分量;最后把所得分量按时域形式叠加。

实验室常用的函数信号发生器产生的方波、三角波和锯齿波均是非正弦周期信号,其中锯齿波用傅里叶级数展开后可表示为:

$$f(t) = A_m \left[\frac{1}{2} - \frac{1}{\pi} \left(\sin \omega t + \frac{1}{2} \sin 2\omega t + \frac{1}{3} \sin 3\omega t + \cdots \right) \right] \qquad (5-61)$$

与非正弦周期激励电路有关的参数有有效值、平均值、平均功率等,其计算分析如下。

(1)有效值

根据有效值的定义:

$$I = \sqrt{\frac{1}{T} \int_0^T i^2 \, dt} \qquad (5-62)$$

非正弦周期电流或电压信号的有效值等于它的各次谐波分量(包括零次谐波:零次谐波的有效值就是恒定分量的值)的有效值的平方和的平方根,即:

$$I = \sqrt{I_0^2 + I_1^2 + I_2^2 + I_3^2 + \cdots} \qquad (5-63)$$

$$U = \sqrt{U_0^2 + U_1^2 + U_2^2 + U_3^2 + \cdots} \qquad (5-64)$$

(2)代数平均值

根据代数平均值的定义:

$$I_{av} = \frac{1}{T} \int_0^T i \, dt \qquad (5-65)$$

非正弦周期电流或电压信号的平均值实际上就是其傅里叶展开式中的直流分量,这种平均值称之为代数平均值。

(3)绝对平均值

用交流量的绝对值在一个周期内的平均值来定义交流量的平均值(也称绝对平均值或整流平均值),其定义为:

$$I_{rect} = \frac{1}{T} \int_0^T |i| \, dt \qquad (5-66)$$

（4）平均功率

平均功率的定义为：

$$P = \frac{1}{T}\int_0^T p\,\mathrm{d}t \tag{5-67}$$

非正弦周期激励信号电路的平均功率为：

$$P = U_0 I_0 + U_1 I_1 \cos\varphi_1 + U_2 I_2 \cos\varphi_2 + \cdots + U_k I_k \cos\varphi_k + \cdots$$

$$= U_0 I_0 + \sum_{k=1}^{\infty} U_k I_k \cos\varphi_k \tag{5-68}$$

即：平均功率等于直流分量构成的功率和各次谐波平均功率的代数和。

对于同一非正弦周期激励电路，用不同类型的仪表进行测量时，会有不同的结果。

① 用磁电系仪表（直流仪表）测量，所得结果将是被测量的直流分量；

② 用电磁系或电动系仪表测量时，所得结果将是被测量的有效值；

③ 用全/半波整流磁电系仪表测量时，所得结果将是被测量的平均值。

由此可见，在测量非正弦周期电流和电压时，要注意选择合适的仪表，并注意在各种不同类型表的读数所示的含意。

3. 实验器材

（1）电压表、电流表、功率表（各 1 台）

（2）示波器（1 台）

（3）频谱仪（1 台）

（4）波特仪（1 台）

（5）函数信号发生器（1 台）

4. 实验内容及步骤

（1）非正弦周期激励-锯齿波信号的产生

锯齿波信号为：

$$f(t) = A_m\left[\frac{1}{2} - \frac{1}{\pi}\left(\sin\omega t + \frac{1}{2}\sin2\omega t + \frac{1}{3}\sin3\omega t + \cdots\right)\right] \tag{5-69}$$

设定激励为锯齿波信号，其幅值 A_m 为 95 V、基波频率 f 为 1 kHz。该信号可由信号发生器产生，也可由恒压源和不同谐波分量的交流电压源叠加而成，为方便测量和验证非正弦周期激励电路有关参数，激励信号采用后一种方式，即激励信号为直流分量、基波以及 2~4 次谐波分量叠加而成，如图 5 - 40 所示。

在图 5 - 40 中，V_{S1} 是直流电压源，电压设置为 47.5 V，$V_{S2} \sim V_{S5}$ 为交流电压源，频率分别设置为 1 kHz、2 kHz、3 kHz、4 kHz，电压幅值分别设置为 30 V、15 V、10 V、7.5 V。

（2）实验电路选择 RC 或 RL 的串联或并联构成低通滤波或高通滤波电路，参数由学生自己选定。

图 5-40 所示电路为参考电路，电阻 R 取 1 Ω，电感 L 取 0.01 mH 该电路是由 RL 串联组成的低通滤波电路。在图 5-40 中有可测量交直流电压电流的电压表 U_1 和电流表 U_2，测量功率的功率表 XWH1，测量电路频率特性的波特仪 XBP1，测量信号频谱的频谱仪 XSA1，以及观察信号波形的示波器 XSC1。

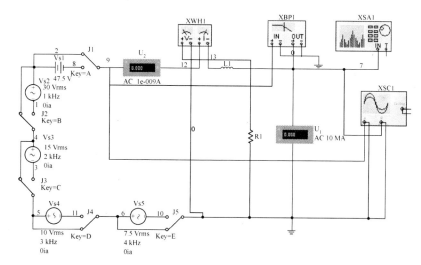

图 5-40　非正弦周期激励信号电路及参数的测量

（3）测量非正弦周期激励电路的有效值

① 将 U_1、U_2 设置直流表，只闭合开关 J1，用电压表 U_2 测量直流电压（U_0）；

② 将 U_1、U_2 设置交流表，分别只闭合开关 J2～J5 之一，用电压表 U_2 测量各次谐波分量的电压（U_1、U_2、U_3、U_4）。

③ 将 U_1、U_2 设置交流表，闭合开关 J1～J5，用电压表 U_2 测量电压（U）。

验证非正弦周期激励电路的有效值等于它的各次谐波分量（包括零次谐波；零次谐波的有效值就是恒定分量的值）的有效值的平方和的平方根：$U = \sqrt{U_0^2 + U_1^2 + U_2^2 + U_3^2 + \cdots}$。

（4）测量非正弦周期激励电路的平均功率

① 只闭合开关 J1，用功率表 XWH1 测量恒定分量构成的功率（P_0）；

② 分别只闭合开关 J2～J5 之一，用功率表 XWH1 测量各次谐波分量的平均功率的电压（P_1、P_2、P_3、P_4）。

③ 闭合开关 J1～J5，用功率表 XWH1 测量电路的平均功率（P）。

验证平均功率等于直流分量构成的功率和各次谐波平均功率的代数和：$P = U_0 I_0 + \sum\limits_{k=1}^{\infty} U_k I_k \cos \varphi_k$。

（5）测量非正弦周期激励电路的频率特性及滤波电路的截止频率

实验电路的频率响应为：

$$H(\mathrm{j}\omega) = \frac{R}{R+\mathrm{j}\omega L} = \frac{1}{1+\mathrm{j}\omega\dfrac{L}{R}} \qquad (5-70)$$

其幅频特性为：

$$|H(\mathrm{j}\omega)| = \frac{1}{\sqrt{1+\left(\omega\dfrac{L}{R}\right)^2}} \qquad (5-71)$$

其相频特性为：

$$\varphi(\omega) = \arctan\left(\omega\frac{L}{R}\right) \qquad (5-72)$$

RL 电路的截止频率为：

$$f = \frac{R}{2\pi L} \qquad (5-73)$$

用波特仪 XBP1 测量电路的频率特性，RL 串联电路的幅频特性和相频特性分别如图 5-41 和图 5-42 所示。

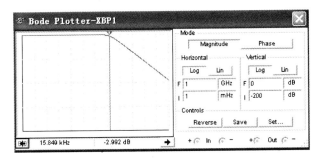

图 5-41　幅频特性的测量

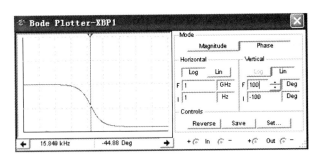

图 5-42　相频特性的测量

从图 5-41 可知，该电路具有低通滤波特性，截止频率约为 15.8 kHz。

（6）测量非正弦周期激励电路的频谱

闭合开关 J1~J5，用频谱仪 XSA1 测量电路的频谱，测量结果如图 5-43 所示。

从图 5-43 可知，输出信号有频率分别为 1 kHz、2 kHz、3 kHz、4 kHz 的谐波分量 4 个。

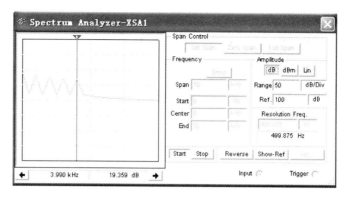

图 5 – 43 测量频谱

5. 预习要求

（1）复习实验用仪器设备的工作原理及使用方法。

（2）复习实验中所涉及的相关知识。

（3）设计涉及实验的有关数据表格及相关数据的理论分析、计算。

6. 实验报告要求

（1）根据测量数据验证相关电路参数（有效值和平均功率值）实际测量值与理论值之间的比较。

（2）画出电路的频率响应曲线，说明该电路是低通滤波还是高通滤波电路，标出其截止频率值的大小。

（3）画出电路的幅度频谱图，说明其幅度谱的特点。

（4）通过本次实验，总结归纳常用仪器使用的方法。

（5）心得体会及其他。

【实践小窍门】

电烙铁的使用

1. 电烙铁安全使用

用万用表欧姆挡测量插头两端是否有开路短路情况，再用 R×1 000 或 R×10 000 挡测量插头和外壳之间的电阻，如指针不动或电阻大于 2 MΩ～3 MΩ 就可不漏电的安全使用。

2. 新电烙铁的最初使用

新的电烙铁不能拿来就用，需要先在烙铁头镀上一层焊锡，方法是：用锉刀把烙铁头锉干净，接上电源，在温度渐高的时候，用松香涂在烙铁头上；待松香冒烟，烙铁头开始能够熔化焊锡的时候，把烙铁头放在有少量松香和焊锡的砂纸上研磨、各个面都要磨到，这样就可使烙铁头镀上一层焊锡。

3. 电烙铁接通电源后，不热或不太热

（1）测电源电压是否低于 AC210 V（正常电压应为 AC220 V），电压过低可能造成热度不够和沾焊锡困难。

（2）电烙铁头发生氧化或烙铁头根端与外管内壁紧固部位氧化。

4. 零线带电原因

在三相四线制供电系统中，零线接地，与大地等电位。如用测电笔测试时氖泡发光，就表明零线带电（零线与大地之间存在电位差）。零线开路，零线接地电阻增大或接地引下线开路以及相线接地都会造成零线带电。

第三篇 电路基础实验报告

第6章 直流实验报告

实验报告是在科学实验的基础上完成的,它是记录实验者实验目的、实验方法、实验步骤、实验现象、实验结果的书面材料,也是实验过程的总结。

实验报告应包含实验前的预习部分和实验后的总结部分。预习部分包含实验名称、实验目的、实验仪器、实验原理和主要内容、预习中遇到的问题、数据记录部分等。实验后总结部分包含实验步骤、数据分析、误差分析、图表、实验结论及思考题等。

实验报告应该按照格式要求撰写,文理通畅、简明扼要、字迹工整、数据和图标齐全、分析合理、结论正确。

为了统一实验报告格式的规范性,特此给出了三种实验报告的格式(指导性实验报告、引导性实验报告、设计性实验报告),实验者在完成相应实验时根据实验性质选择合适的报告格式进行撰写。

6.1　指导性实验报告(基尔霍夫定理)

预习报告(实验名称：＿＿＿＿＿＿＿＿)

1. 实验目的：

....

....

....

....

2. 主要实验仪器：

....

....

....

....

....

3. 实验原理及主要任务：

....

....

....

....

....

....

4. 实验原始数据记录：

表 6‐1　基尔霍夫定律实验数据记录表

被测量	I_1 (mA)	I_2 (mA)	I_3 (mA)	E_1 (V)	E_2 (V)	U_{BD} (V)	U_{DF} (V)	U_{DC} (V)	U_{EC} (V)	U_{CA} (V)
测量值										
计算值										
相对误差										

教师签字：＿＿＿＿＿＿＿＿

实验报告

请按以下几个部分完成实验报告。

5. 实验步骤(简明扼要):

6. 实验数据处理及分析(完成表格的计算部分并作误差分析):

7. 误差原因分析:

8. 由测量数据进行分析得出实验结论并适当讨论。

....
....
....
....
....
....
....
....

9. 实验体会。

....
....
....
....
....

6.2　引导性实验报告（叠加定理和戴维南定理）

　　根据引导性实验题目和要求完成相应实验和报告。实验步骤包括预习和实验及总结三部分组成，预习阶段根据所选实验题目及其要求确定实验方案，包含实验名称、要求、主要原理及功能、技术指标、元器件、仪器仪表、实验电路原理图、数据记录表等；实验阶段则根据所确定的实验方案进行实验，记录实验数据或仿真结果；总结阶段则通过数据分析和误差计算、分析，对本次实验的结论和完成情况进行总结和评价，得到结论，并完成实验体会等。具体格式如下文所示。

预习报告（实验名称：_____）

　　1. 实验目的：

　　2. 主要实验仪器：

　　3. 实验原理及主要任务：

4. 实验原始数据记录表：

表 6 - 2　叠加定理验证数据记录表

条件 测量值	E_1 (V)	E_2 (V)	I_1 (mA)	I_2 (mA)	I_3 (mA)	U_{AB} (V)	U_{CD} (V)	U_{AD} (V)	U_{DE} (V)	U_{FA} (V)
E_1 单独作用										
E_2 单独作用										
E_1、E_2 共同作用										
$2E_2$ 单独 作用										

表 6 - 3　等效前有源二端网络测试数据记录表

$R_L(\Omega)$	0	200	400	600	1 000	2 000	∞
U_{AB} (V)							
I_{R_L} (mA)							

表 6 - 4　等效后有源二端网络测试数据记录表

$R_L(\Omega)$	0	200	400	600	1 000	2 000	∞
U_{AB} (V)							
I_{R_L} (mA)							

教师签字：＿＿＿＿＿＿＿＿

实验报告

请按以下几个部分完成实验报告。

5. 实验步骤(简明扼要)：

....

....

....

....

....

....

....

6. 实验数据处理及分析(完成表格的计算部分并作误差分析):

表 6 - 5 叠加定理验证数据理论值表

条件 理论值	E_1 (V)	E_2 (V)	I_1 (mA)	I_2 (mA)	I_3 (mA)	U_{AB} (V)	U_{CD} (V)	U_{AD} (V)	U_{DE} (V)	U_{FA} (V)
E_1 单独作用										
E_2 单独作用										
E_1、E_2 共同作用										
$2E_2$ 单独 作用										

表 6 - 6 叠加定理验证数据误差分析表

条件 相对误差	E_1 (V)	E_2 (V)	I_1 (mA)	I_2 (mA)	I_3 (mA)	U_{AB} (V)	U_{CD} (V)	U_{AD} (V)	U_{DE} (V)	U_{FA} (V)
E_1 单独作用值										
E_2 单独作用值										
E_1、E_2 共同作用										
$2E_2$ 单独 作用										

7. 误差原因分析:

8. 理论计算戴维南定理模型：

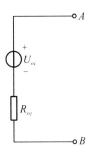

9. 由测量数据进行分析得出实验结论并适当讨论。

....

....

....

....

....

....

....

....

....

....

10. 思考题及实验体会。

(1) 在验证叠加定理时,若电压源和电流源分别单独作用,在实验中应如何操作?

(2) 在验证叠加定理图 4-9 中,把电阻 R_3 换成二极管,试问叠加定理还成立吗?

(3) 试述戴维南定理的内容。

(4) 在求戴维南定理等效电阻时,如何理解"含源二端网络所有电源置零",实验中又如何操作?

....

....

....

....

....

....

....

....

....

....

6.3　设计性实验报告

　　根据设计性实验题目和要求完成相应实验和报告。实验步骤包括预习和实验及总结三部分组成,预习阶段根据所选实验题目设计实验方案,包含实验要求、实验原理、元器件及仪器仪表、实验电路原理图、数据记录表等;实验阶段则根据所设计实验方案进行实验,记录实验数据或仿真结果;总结阶段则通过数据分析和误差计算,对本次实验的结论和完成情况进行总结和评价,得到结论,并完成实验体会。具体格式如下文所示。

预习报告(实验名称:＿＿＿＿＿＿＿＿＿＿)

　　1. 实验目的:

　　2. 主要实验仪器:

　　3. 实验原理及主要任务:

4. 实验原始数据记录：（自行按照实验要求设计数据记录表格）

教师签字：＿＿＿＿＿＿＿＿＿＿

实验报告

请按以下几个部分完成实验报告。

5. 实验步骤：（简明扼要）

6. 实验数据处理及分析：（完成表格的计算部分并作误差分析）

7. 由测量数据进行分析得出实验结论并适当讨论。

8. 实验体会。

第7章 交流实验报告

7.1 指导性实验报告（日光灯电路及功率因数的提高）

预习报告

1. 实验目的：

....

....

....

2. 主要实验仪器：

....

....

....

3. 实验原理及主要任务：

....

....

....

4. 实验原始数据记录表：

（1）日光灯电路参数测量表格

测量值					计算值				
P(W)	I(A)	U(V)	U_1(V)	U_2(V)	U_1+U_2	$\sqrt{U_1^2+U_2^2}$	$U*I_1$	U_1*I_1	$\cos\varphi$

（2）并联电容后电路参数测量表

C(nF)	测 量 结 果					计算结果
	$P(W)$	$U(V)$	$I_1(A)$	$I_2(A)$	$I_3(A)$	$\cos\varphi$
200						
300						
400						
500						
600						
700						
800						
900						

教师签字：_____

实验报告

<u>请按以下几个部分完成实验报告。</u>

5. 实验步骤：（简明扼要）

....

....

....

....

....

....

6. 实验数据处理及分析：（完成表格的计算部分并作误差分析）

测量值					计算值				
$P(W)$	$I(A)$	$U(V)$	$U_1(V)$	$U_2(V)$	U_1+U_2	$\sqrt{U_1^2+U_2^2}$	$U*I_1$	U_1*I_1	$\cos\varphi$

....

....

....

....

7. 由测量数据进行分析,得出实验结论并适当讨论。

8. 思考题及实验体会。

(1) 在日光灯电路参数测量表中,有 $U=U_1+U_2$ 吗? 为什么?

(2) 利用日光灯电路参数测量表测得的数据,计算日光灯电路参数(R、L)。

(3) 并联电容补偿前后,功率表的读数及日光灯支路电流是否发生变化? 为什么?

(4) 提高电路的功率因数通常采用并联电容器法,串联电容器法可以吗?

(5) 提高感性电路的功率因数,通常只需把电路的功率因数提高到 0.9～0.95(感性)即可,为何不继续提高使功率因数等于 1 呢? 甚至继续增加电容,电路呈容性,有意义吗? 为什么?

7.2　引导性实验报告(一阶电路的过渡过程)

根据引导性实验题目、实验原理、实验要求完成相应实验,并撰写相应实验报告。实验报告包括实验题目、要求、实验原理、实验数据记录、实验步骤、数据分析、图表、曲线和实验结论等。

预习报告

1. 实验目的:

2. 主要实验仪器:

3. 实验原理及主要任务:

4. 实验原始数据记录：（自行按照实验要求设计数据记录表格）

教师签字：_____

实验报告

请按以下几个部分完成实验报告。

5. 实验步骤：（简明扼要）

_____

_____

_____

_____

_____

_____

_____

_____

_____

_____

_____

6. 实验数据处理及分析：（完成表格的计算部分并作误差分析）

_____

_____

_____

_____

_____

_____

_____

_____

_____

_____

7. 由测量数据进行分析得出实验结论并适当讨论。

8. 实验体会。

7.3　设计性实验报告(题目自选)

具体格式如本书第 6 章 6.3 节所示,此处不再复述。

第四篇　电路基础课程设计

电路基础课程设计的目的是使学生通过有关课题的设计、分析、计算,加深对所学基本知识的理解,进一步培养和提高学生的自学能力、实践动手能力和分析解决实际问题的能力,使学生受到实际工程设计的初步训练,提高创新能力,为以后参与有关电路设计及研制开发新产品打下初步基础。

电路基础课程设计是理论和实践相结合的教学环节,通过有关课题的设计,达到以下基本要求:

(1)巩固和加深对电路基础课程基本理论的理解,提高学生综合运用理论知识的能力。

(2)了解实际工程设计中的各个实践环节,从根据课题要求进行初步设计,到选择元器件,进行电路仿真乃至调试电路等,培养综合分析和创新的能力。

(3)掌握常用电工仪表的有关知识,能正确使用仪表。

(4)了解与设计课题有关的电路及元器件的工程技术规范,能按课程设计任务书的要求,编写设计说明书,正确绘制电路图。

(5)培养学生严肃认真的科学态度和工作作风。通过课程设计,帮助学生逐步建立正确的设计实践观点、经济观点和全局观点。

从以上要求出发,我们选择了一些针对性较强、实用性较高的课题供学生进行课程设计。随着计算机技术和电子技术的发展,电路的计算机辅助设计技术不断得到提高和改善,特别是利用计算机进行电路分析的模拟 EDA 软件技术,其中的 Multisim 10 软件仿真功能十分强大,采用该软件对设计电路进行仿真调试,克服了电子器材品种、规格、数量上不足的限制,避免了使用中仪器设备的损坏等不利因素,在训练学生掌握正确的测量方法、提高学生熟练使用仪器、培养学生的电路综合分析能力和创新能力上,都有明显的改善和提高。该软件具有易学易懂、操作使用方便等优点。所以,课程设计的调试和仿真都是利用 Multisim 10 软件完成。

第8章 万用表的设计和仿真

8.1 课程设计任务书及时间安排

8.1.1 课程设计任务书

1. 在学习掌握电工仪表基本知识的基础上，设计 MF－16 型万用表电路（包括单元电路及总体电路），适当选择元器件。

2. 在设计电路的基础上，利用 Multisim 10 软件，在计算机上进行仿真实验、调试。

8.1.2 MF－16 型万用表的技术指标

1. 表头参数

满偏值：157 μA

内阻：500 Ω

标盘刻度：五条刻度线分别为："Ω"，"～10 V"，"$\simeq$V·A"，"C"，"dB"。

2. 测量范围及基本误差（如表 8－1 所示）

表 8－1 测量范围及基本误差

	测量范围		灵敏度	基本误差％
直流电流	0～0.5～10～100 mA			±2.5
直流电压	0～0.5～10～50～250～500 V		2 kΩ/V	±2.5
交流电压	0～10～50～250～500 V		2 kΩ/V	±4
电阻	中心值：60 Ω，6 kΩ			±2.5
	倍数：×10、×1 k			
	范围：0～10 kΩ～1 MΩ			
电平	10～+22～+36～+50～+56 db			刻度为－10～22 db
电容量	0.000 1～0.03 μF			

3. 结构要求

（1）本仪器共 15 挡基本量程和 4 个分贝附加量程，面板上安装一个 3×15（即 3 刀 15 掷）的单层波段转换开关进行各量程挡的转换。

（2）面板上安装一个零欧姆调节器旋钮，外接插孔两个。

（3）整流装置采用半波整流电路，并需反向保护。

（4）电阻测量电路采用 1.5 V 五号电池一节。

8.1.3　Multisim 软件仿真、调试

（1）学习掌握 Multisim 软件知识及操作方法。

（2）应用 Multisim 软件仿真 MF－16 型万用表。

画出 MF－16 型万用表的完整电路图，并存盘；对每个测量挡进行仿真测量；分析误差，调节元件参数，查找故障点。

8.1.4　课程设计报告要求

（1）设计任务及主要技术指标

（2）设计过程

① 各单元电路的设计计算过程（要求基本原理介绍、设计电路、电路方程及计算结果）；

② 整体电路设计过程（要求有完整思路和说明方法、重新计算的结果、整体电路图）。

（3）仿真过程

① 单元电路的仿真（简述仿真过程、所遇问题及问题解决后的电路图及电路参数）；

② 整体电路的仿真（简述主要问题及分析与解决方法、打印仿真成功的整体电路图）。

（4）元器件明细表（包括表头参数及整体电路中所有的元器件清单）

（5）总结收获和体会

8.1.5　课程设计考核方法

学生完成电路设计后，通过 Multisim 10 仿真，指导老师对每个学生的设计，选择部分测量挡进行检查，并通过提问或设置故障等形式，了解学生的设计水平、掌握电路基本知识的程度、独立解决问题的能力及工作作风、学习态度等情况；结合课程设计报告，指导教师对每位学生作出评语。成绩分为优秀、良好、中等、及格、不及格五个等级。

8.1.6　课程设计阶段安排

课程设计为时一周，以教学班为教学单位，每个学生单独进行设计的全过程。整个过程分为以下三个阶段：

1. 布置课程设计任务、指导设计阶段

在这阶段中，指导老师向学生布置课程设计任务及要求。给学生讲授有关电工仪表的基本知识、万用表的电路原理及设计方法以及元器件的有关知识，使学生明确设计任务、要求、技术指标等有关内容，掌握电工仪表的有关知识，学会万用表单元电路的设计计算和电路综合的方法，能单独进行电路设计，绘制出单元电路及整体电路图，列出元器件明细表，送老师审核。

2. Multisim 仿真阶段

这一阶段在计算机基础与应用实验中心机房完成，首先由指导教师介绍 Multisim 软件基本知识及操作方法，提出仿真要求，使学生学会利用 Multisim 软件绘制电路并进行仿真实验、调整元器件、排除电路故障，然后学生独立进行仿真，使电路达到设计要求，经指导教

师考核合格后，方可完成设计任务。

3. 总结报告阶段

学生根据设计、仿真过程进行总结、整理，写出符合要求的课程设计报告。

8.2　万用表的设计和计算

8.2.1　电工仪表的基本知识

用来测量各种电量、磁量及电路参数的仪器、仪表统称为电工仪表。电工仪表的种类繁多，使用中最常见的是测量基本电量的仪表。

1. 电工仪表的分类

按电工仪表的结构和用途，分为指示仪表、比较仪表和数字仪表。

（1）指示仪表

① 定义：能将被测量转换为仪表可动部分的机械偏转角，并通过指示器直接显示出被测量的大小，故又称为直读式仪表。

② 分类

按工作原理分类：有电磁系仪表、磁电系仪表、电动系仪表、感应系仪表等。

按被测量分类：有电流表、电压表、功率表、电能表、相位表等。

按使用方法分类：有安装式、便携式。

安装式仪表：固定安装在开关板或电器设备面板上的仪表，又称面板式仪表。准确度不高，广泛用于发电厂、配电所的运行监视和测量中。

便携式仪表：可以携带的仪表，准确度较高，广泛用于电气实验、精密测量及仪表检定中。

按准确度等级分类：有 0.1、0.2、0.5、1.0、1.5、2.5、5.0 共 7 个等级。

按使用条件分类：有 A、B、C 三组类型。A 组仪表适用于环境温度为 $0 \sim 400^{\circ}\text{C}$；B 类仪表适用于 $-20 \sim 500^{\circ}\text{C}$；C 组仪表适用于 $-40 \sim 600^{\circ}\text{C}$。相对湿度条件均为 85% 范围内。

按被测电流种类分类：有直流仪表、交流仪表以及交、直流两用仪表。

（2）比较仪表

分直流比较仪表和交流比较仪表。例如直流单臂电桥、双臂电桥，交流电桥。

（3）数字仪表

以数字的形式直接显示出被测量的大小。有数字电压表、数字万用表、数字频率表等。

2. 电工指示仪表的型号

（1）仪表型号意义：反映仪表的用途、工作原理等特性。

（2）型号编制规则

① 安装式指示仪表型号编制规则：（如图 8-1 所示）

形状第一位代号按仪表面板形状的最大尺寸编制；形状第二位代号按仪表的外壳尺寸

编制;系列代号按仪表工作原理的系列编制,如磁电系的代号为 C,电磁系的代号为 T,电动系的代号为 D,感应系的代号为 G,整流系的代号为 L,电子系的代号为 Z 等;设计序号为产品设计的先后顺序编制;用途号表示该仪表的用途。例:44C2—A。

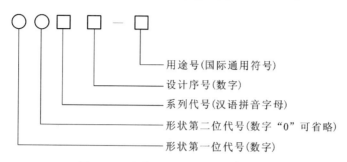

图 8 - 1 安装式仪表型号组成及意义

② 便携式指示仪表的型号编制规则

把安装式指示仪表中的形状代号去掉,剩下的就是便携式仪表的型号编制规则。例:型号 T19—A。

3. 电工仪表的标志

(1) 用各种不同的符号来表示仪表的技术特性,并将其标注在仪表的面板上,这些符号叫做仪表的标志。

(2) 有关标志及其含义可在课后自学。

8.2.2 万用表的结构和原理

万用表是我们在电子设计制作中一个必不可少的工具。万用表不仅能测量电流、电压、电阻,还可以测量三极管的放大倍数、频率、电容值、逻辑电位、分贝值等。万用表有很多种,现在最流行的有机械指针式的和数字式的万用表。

万用表主要由表头(测量机构)、测量线路和转换开关组成。它的外形可以做成便携式或者袖珍式,将标度盘、转换开关、调零旋钮以及接线柱(或插孔)装在面板上。各种型式的万用表外形布置不完全相同。

万用表的线路形式更是多种多样,有的新型万用表增设一些特殊线路、保护电路等,但是它们的基本电路却大同小异。

下面我们以 MF - 30 型万用表为例分别介绍万用表的结构和电路的基本原理。

1. 万用表的结构

万用表由表头、测量电路及转换开关等三个主要部分组成。

(1) 表头

它是一只高灵敏度的磁电式直流电流表,万用表的主要性能指标基本上取决于表头的性能。表头的灵敏度是指表头指针满刻度偏转时流过表头的直流电流值,这个值越小,表头的灵敏度愈高。测电压时的内阻越大,其性能就越好。MF - 30 型万用表的表头上有四条刻度线,如图 8-3 所示,它们的功能如下:第一条(从上到下)标有 R 或 Ω,指示的是电阻值,转换开关在欧姆挡时,即读此条刻度线。第二条标有 ～ 和 VA,指示的是交、直流电压和直流电流值,当转换开关在交、直流电压或直流电流挡,量程在除交流 10 V 以外的其他位置时,即读此条刻度线。第三条标有10 V,指示的是 10 V 的交流电压值,当转换开关在交、直流电压挡,量程在交直流10 V 时,即读此条刻度线。第四条标有 dB,指示的是音频电平。

（2）测量线路

测量线路是用来把各种被测量转换到适合表头测量的微小直流电流的电路,它由电阻、半导体元件及电池组成。

它能将各种不同的被测量（如电流、电压、电阻等）、不同的量程,经过一系列的处理（如整流、分流、分压等）统一变成一定量限的微小直流电流送入表头进行测量。可见,测量线路是万用表的中心环节。

一台万用表,它的测量范围越广,测量线路就越复杂,线路原理将在下面说明。

（3）转换开关

转换开关是万用表选择不同测量种类和不同量程时的切换元件。其作用是用来选择各种不同的测量线路,以满足不同种类和不同量程的测量要求。万用表用的转换开关都是采用多层多刀多掷波段开关或专用的转换开关。可动触点一般称为"刀",固定触点一般称为"掷"。旋动刀的位置可以和不同挡位的固定触点相接触,有几个挡位就叫做几掷。

万用表就是由以上三部分,加上一些接线柱或插孔,以及有关调整旋钮组成。

2. 万用表的基本工作原理

万用表的基本原理是利用一只灵敏的磁电式直流电流表（微安表）做表头。当微小电流通过表头,就会有电流指示。但表头不能通过大电流,所以,必须在表头上并联与串联一些电阻进行分流或降压,从而测出电路中的电流、电压和电阻。图 8 - 2 所示为万用表的基本工作原理图。

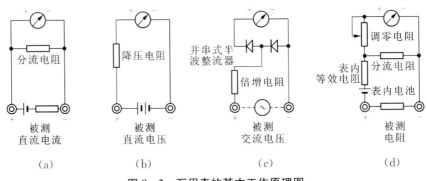

图 8 - 2　万用表的基本工作原理图

如图 8 - 2(a)所示,在表头上并联一个适当的电阻（叫分流电阻）进行分流,就可以扩展电流量程。改变分流电阻的阻值,就能改变电流测量范围。

如图 8 - 2(b)所示,在表头上串联一个适当的电阻（叫倍增电阻）进行降压,就可以扩展电压量程。改变倍增电阻的阻值,就能改变电压的测量范围。

如图 8 - 2(c)所示,因为表头是直流表,所以测量交流时,需加装一个并、串式半波整流电路,将交流进行整流变成直流后再通过表头,这样就可以根据直流电的大小来测量交流电压。扩展交流电压量程的方法与直流电压量程相似。

如图 8 - 2(d)所示,在表头上并联和串联适当的电阻,同时串接一节电池,使电流通过被测电阻,根据电流的大小,就可测量出电阻值。改变分流电阻的阻值,就能改变屯阻的量程。

3. 万用表的使用

(1) 熟悉表盘上各符号的意义及各个旋钮和选择开关的主要作用。

(2) 进行机械调零。

(3) 根据被测量的种类及大小,选择转换开关的挡位及量程,找出对应的刻度线。

(4) 选择表笔插孔的位置。

(5) 测量电压:测量电压(或电流)时要选择好量程,如果用小量程去测量大电压,则会有烧表的危险;如果用大量程去测量小电压,那么指针偏转太小,无法读数。量程的选择应尽量使指针偏转到满刻度的 2/3 左右。如果事先不清楚被测电压的大小时,应先选择最高量程挡,然后逐渐减小到合适的量程。

① 交流电压的测量:将万用表的转换开关置于交流电压挡的合适量程上,万用表两表笔和被测电路或负载并联即可。

② 直流电压的测量:将万用表的转换开关置于直流电压挡的合适量程上,且"+"表笔(红表笔)接到高电位处,"−"表笔(黑表笔)接到低电位处,即让电流从"+"表笔流入,从"−"表笔流出。若表笔接反,表头指针会反方向偏转,容易撞弯指针。

(6) 测电流:测量直流电流时,将万用表的转换开关置于直流电流挡的合适量程上,电流的量程选择和读数方法与电压一样。测量时必须先断开电路,然后按照电流从"+"到"−"的方向,将万用表串联到被测电路中,即电流从红表笔流入,从黑表笔流出。如果误将万用表与负载并联,则因表头的内阻很小,会造成短路烧毁仪表。其读数方法如下:

实际值=指示值×量程/满偏

(7) 测电阻:用万用表测量电阻时,应按下列方法操作:

① 选择合适的倍率挡。万用表欧姆挡的刻度线是不均匀的,所以倍率挡的选择应使指针停留在刻度线较稀的部分为宜,且指针越接近刻度尺的中间,读数越准确。一般情况下,应使指针指在刻度尺的 1/3～2/3 间。

② 欧姆调零:测量电阻之前,应将两个表笔短接,同时调节"欧姆(电气)调零旋钮",使指针刚好指在欧姆刻度线右边的零位。如果指针不能调到零位,说明电池电压不足或仪表内部有问题。并且每换一次倍率挡,都要再次进行欧姆调零,以保证测量准确。

③ 读数:表头的读数乘以倍率,就是所测电阻的电阻值。

(8) 注意事项

① 在测电流、电压时,不能带电换量程;

② 选择量程时,要先选大的,后选小的,尽量使被测值接近量程;

③ 测电阻时,不能带电测量。因为测量电阻时,万用表由内部电池供电,如果带电测量则相当于接入一个额外的电源,可能损坏表头;

④ 使用结束后,应使转换开关在交流电压最大挡位或空挡上。

4. 数字万用表

现在,数字式测量仪表已成为主流,有取代模拟式仪表的趋势。与模拟式仪表相比,数字式仪表灵敏度高,准确度高,显示清晰,过载能力强,便于携带,使用更简单。

8.2.3　万用表单元电路的设计

图 8‑3 是 MF‑30 型袖珍式万用表的面板示意图。

万用表的表头通常采用高灵敏度的磁电系测量机构,其满偏电流很小,MF‑30 型的表头满偏电流为 40.6 μA。表头的准确度一般都在 0.5 级以上,但构成万用表后,其准确度等级为 4.0 级以上,MF‑30 型万用表的准确度等级,除交流电压和音频电平挡为 4.0 级外,其他各挡均为 2.5 级。

万用表的刻度盘上,对应于不同测量对象有多条标尺,使用时应根据转换开关所选的挡位,选择一条正确的标尺读取数据。

MF‑30 型万用表的转换开关是采用 3×18 单层开关,即 3"刀"18"掷"的单层转换开关。"刀"表示开关的可动触头,"掷"表示固定触头。其 18 个固定触头沿圆周分布,当转轴旋转时,可动触头可在 18 个挡位上与固定触头相接,从而构成 18 个测量挡,它们分别是:

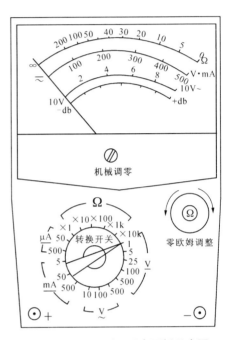

图 8‑3　MF‑30 型万用表面板示意图

直流电流 5 个挡(50 μA,500 μA,5 mA,50 mA,500 mA)

直流电压 5 个挡(1 V,5 V,25 V,100 V,500 V)

交流电压 3 个挡(10 V,100 V,500 V)

电阻 5 个挡(×1,×10,×100,×1 k,×10 k)

图 8‑4 是 MF‑30 型万用表的转换开关的平面展开图,图中的 Ka‑b,Kb‑c 表示的是 a、b、c 三个可动触头,它们彼此相通,转换时同步旋转。

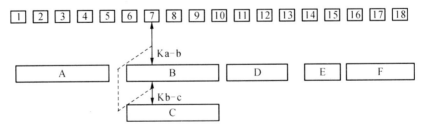

图 8‑4　MF‑30 型万用表转换开关平面图

1. 直流电流测量线路

（1）磁电系电流表的组成

在磁电系测量机构中，由于可动线圈的导线很粗，而且
电流还要通过游丝，所以允许通过的电流很小，约几毫安到
几百毫安。要测量较大的电流，必须加接分流电阻。因此，
磁电系电流表实际上是磁电系测量机构与分流电阻并联而
成的。由于磁电系电流表只能测量直流电流，故又称为直流
电流表。原理图如图 8-5 所示。

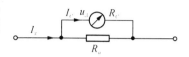

图 8-5　磁电系电流表的组成

设磁电系测量机构的内阻为 R_c，分流电阻为 R_a，被测电流为 I_x，根据分流公式，流过测
量机构的电流 I_c 应等于

$$I_c = \frac{R_a}{R_c + R_a} I_x \tag{8-1}$$

整理上式得

$$\frac{I_x}{I_c} = \frac{R_c + R_a}{R_a} \tag{8-2}$$

规定 $\dfrac{I_x}{I_c}$ 为电流量程扩大倍数，用 n 表示，则

$$n = \frac{I_x}{I_c} = \frac{R_c + R_a}{R_a} = 1 + \frac{R_c}{R_a} \tag{8-3}$$

整理可得

$$R_a = \frac{R_c}{n-1} \tag{8-4}$$

式(8-4)说明，要使电流表的量程扩大 n 倍，所并联的分流电阻 R_a 应为测量机构内阻
R_c 的 $\dfrac{1}{n-1}$。可见，对于同一测量机构，只要配上不同的分流电阻，就能制成不同量程的电流
表。（注意：一般情况下，R_a 比 R_c 小得多，故被测电流 I_x 的绝大部分要经过分流电阻分
流，实际通过测量机构的电流 I_c 只是 I_x 很小的一部分。同时，当 R_c 与 R_a 的数值一定时，I_x
与 I_c 之比也是一个定值。因此，只要将电流表标度尺的刻度放大 $\dfrac{I_x}{I_c}$ 倍，就能用仪表指针的
偏转角来直接反映被测电流的数值。）

例如：有一只内阻为 $200\,\Omega$、满刻度电流为 $500\,\mu A$ 的磁电系测量机构，现要将其改制成
量程为 $1\,A$ 的直流电流表，求应并联多大的分流电阻？

解：先求电流量程扩大倍数

$$n = \frac{I_x}{I_c} = \frac{1}{500 \times 10^{-6}} = 2\,000$$

应并联分流电阻为：

$$R_a = \frac{R_c}{n-1} = \frac{200}{2\,000-1} = 0.1\ \Omega$$

（2）电流测量电路的分类

分流电阻一般采用电阻率较大、电阻温度系数很小的锰铜制成。

考虑分流电阻的散热和安装尺寸，当被测电流 $I_x < 30$ A 时，分流电阻安装在电流表的内部；当被测电流 $I_x > 30$ A 时，分流电阻安装在电流表的外部。多量程直流电流表一般采用不同阻值分流电阻的方法来扩大电流量程。按照分流电阻与测量机构的连接方式划分，分为开路式和闭路式两种形式。

① 开路式多量程分流电路

开路式分流电路如图 8 - 6 所示。电路的特点是各分流器电路可单独与表头并联，即一种电流量程对应一个分流器电路。这种分流器，在切换时分流器与表头呈开路状态，故称为开路式分流器。

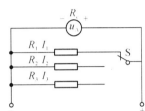

图 8 - 6　开路式分流电路

开路式分流器的优点是：各量程间相互独立，互不影响。当某一量程分流器损坏时，其他量程仍可正常工作。缺点是：转换开关的接触电阻包含在分流电阻中，可能引起较大的测量误差。特别是转换开关触头接触不良，导致分流电路断开，被测电流将全部流过测量机构使之烧毁。由于这种缘故，开路式分流器采用较少。

② 闭路式多量程分流器

闭路式多量程分流器电路如图 8 - 7 所示。该分流器的特点是各分流器串联，经转换开关切换而获得不同的分流电阻，以实现不同量程电流的测量。

如开关置于 I_3 量程时，其分流电阻为

$$R_{f3} = R_1 + R_2 + R_3 \qquad (8-5)$$

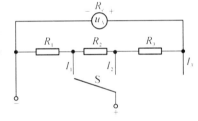

图 8 - 7　闭路式分流电路图

若开关置于 I_2 量程时，其分流电阻为

$$R_{f2} = R_1 + R_2 \qquad\qquad (8-6)$$

此时，R_3 变为与表头内阻 R_c 串联，并与 R_{f2} 并联。显然 $R_{f2} < R_{f3}$，故 $I_2 > I_3$。

同理，若开关置于 I_1 量程时，其分流电阻为

$$R_{f1} = R_1 \qquad\qquad (8-7)$$

此时，R_3、R_2 变为与表头内阻 R_c 串联，并与 R_{f1} 并联。显然此时分流器电阻最小，故存在

$$I_1 > I_2 > I_3$$

该分流器的缺点是各个量程之间互相影响，计算分流电阻较复杂。但优点是转换开关的接触电阻处在被测电路中，而不在测量机构与分流电阻的电路里，因此，对分流准确度没有影响。尤其是当转换开关触头接触不良而导致被测电路断开时，保证不会烧坏测量机构，所以应用广泛。

可以看出,万用表的直流电流测量电路的实质就是一个多量程的直流电流表。

③ 带温度补偿的闭路式分流器

磁电系表头直接测量小电流时,虽然动圈和游丝电阻将随温度变化而变化,但不会改变被测电流的大小,因此无须考虑温度补偿。

但磁电系电流表采用分流器扩大量程时,由于分流器电阻采用了锰铜电阻,其阻值基本不随温度变化,而测量机构动圈支路电阻为铜电阻,将随温度而变化,即表头内阻 R_c 铜电阻变化将引起的表头电流变化,所以温度变化将改变分流比,造成温度误差,对此必须设法补偿。在工程电流表中常

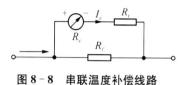

图 8-8　串联温度补偿线路

采用串联温度补偿,如图 8-8 所示。即在表头支路中串联温度补偿电阻 R_t。温度补偿电阻的表达式为

$$R_t = \left(\frac{\beta}{K_t} - 1\right)R_c \qquad (8-8)$$

式(8-8)中 β 为铜的电阻温度系数,一般认为 $\beta = 4\%/10\text{℃}$;K_t 为温度变化所引起的仪表附加误差(及仪表准确度对应的数值)。

下面以例题来说明温度补偿电阻的计算。

例:某 1.5 级磁电系表头,其中 $R_c = 700\ \Omega$,$I_c = 100\ \mu\text{A}$,应串联多大的温度补偿电阻?

解:按公式 $R_t = \left(\frac{\beta}{K_t} - 1\right)R_c$ 可得

$$R_t = \left(\frac{\beta}{K_t} - 1\right)R_c = \frac{4 - 1.5}{1.5} \times 700 = 1\ 169(\Omega)$$

表头支路串联 R_t 后,将 $R_c + R_t$ 作为新的表头内阻计算各分流电阻。

串联温度补偿线路简单,但为了使 K_t 较小,则需 R_t 很大,但 R_t 过大将使动圈支路电流下降,则要求表头灵敏度很高,所以限制了这种线路的使用(一般应用在安装式仪表中)。精密仪表常采用串并联温度补偿线路。

④ 万用表直流电流测量电路

万用表直流电流的测量电路,采用了闭路式分流电路。实质上是一个多量程的环形分流器,MF-30 型万用表的直流测量线路如图 8-9 所示。

图 8-9 中 R_{10} 为可调电阻,它是为保证表头内阻为 3.44 kΩ 而设置的(包含了温度补偿电阻)。$R_1 \sim R_9$ 即为环形分流器,转换开关 Ka-b 的可动触头 a 可通过转换开关转动分别与五个电流量程挡的固定触头相接,而开关的可动触头 b 则通过与固定滑片 A 的连接与外电路相接。

由图 8-9 可以看出,当量程为 0.05 mA 时,$R_1 \sim R_9$ 全部作为分流电阻,而在 500 mA 量程时,仅 R_1 作为分流电阻,其余 $R_2 \sim R_9$ 电阻都串接在表头支路。其他各挡以此类推。所以转换开关在不同的量程挡位时,就有不同的电路量程。各个电阻值就可根据不同量程时的分流公式联立求解可得。

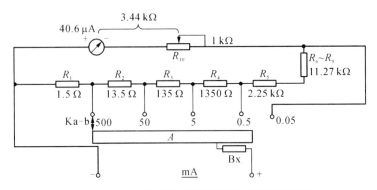

图 8‑9 MF‑30 型万用表的直流电流测量线路

2. 直流电压测量线路

万用表的直流电压测量线路实质上就是由表头串接多量程的分压电阻(倍压器)组成。不过,万用表的线路设计中,还需考虑各个测量线路之间要共用一些元件以提高元件利用率;另外还要考虑电压表的电压灵敏度等设计要求,所以万用表的直流电压测量线路比一般的倍压器计算要复杂一些。图 8‑10 是 MF‑30 型万用表的直流电压测量线路。图中电阻 $R_1 \sim R_9$ 即为直流电流测量线路中的电阻。而 $R_{11} \sim R_{14}$ 即为分压电阻,它们采用共用式。如在量程为 1 V 时,分压电阻为 R_{11},而在 5 V 时,分压电阻为 $R_{11} + R_{12}$,以此类推,量程越高,分压电阻就越大。电压量程的转换开关也是通过转换开关 Ka‑b 的活动触头 a 分别接通五个直流电压量程挡的固定触头而改变的。而活动触头 b 则通过固定滑片 D 和 E 分别经 M 和 N 点接到表头。此处将分压电阻串接到表头的联接点分为 M 和 N 两处,它就是基于万用表的电压灵敏度要求而采取的措施。

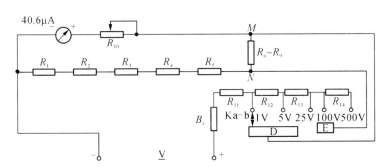

图 8‑10 MF‑30 型万用表的直流电压测量线路

由图 8‑10 可看出,当直流电压量程为 1 V、5 V、25 V 三挡时,外测电压经 R_{11}、R_{12}、R_{13} 的共用式分压器换挡后再经固定滑片 D 到 M 点接入表头的,对照图 8‑9 的直流电流测量线路,M 点即为直流电流 0.05 mA 挡的位置,即当流过电压表分压电阻的电流(该挡总电流)为 0.05 mA 时,流经表头电流为满偏电流 40.6 μA,而这时应指示的是其中某一挡的满刻度值。在 1 V 挡时,电表总内阻为 1 V/0.05 mA=20 kΩ;在 5 V 挡时,电表总内阻为 5 V/0.05 mA=100 kΩ;而在 25 V 挡时,电表总内阻为 25 V/0.05 mA=500 kΩ。可以看出,这三挡的电压表的总内阻值是 20 kΩ/V。这就是万用表在这三个电压挡的电压灵敏度。同样道理,当量程为 100 V,500 V 两挡时,外测电压是经固定滑片 E 到 N 点再接入表头的,N 点是直流电流测量线路中的 0.2 mA 挡(该表中无此挡),则 1 V/0.2 mA＝5 kΩ。也就是说万用表在这两个电压挡的电压灵敏度要求仅为 5 kΩ/V。通过以上处理(改变一下表头分流器的接法),就达到了既共用分压电阻,又满足万用表对电压灵敏度的设计要求的目的。

这种电路的优点为若附加电阻是用锰铜线绕制的话,则可节约材料;但这种电路一旦低量程附加电阻烧毁,则高量程不能使用。

3. 交流电压测量线路

由于万用表的表头采用的是磁电系测量机构,故不能直接用来测量交流量,必须附加整流装置,将交流变换成直流。整流器就是完成这一变换任务的。磁电系表头配上整流装置就构成了整流系仪表。

(1) 整流电路

整流元件采用锗、硅二极管,也有用氧化铜整流器的。对整流元件的要求是反向电阻越大,正向电阻越小,则整流元件的质量越好。整流电路有半波整流和全波整流两种。

① 半波整流电路

通常半波整流电路不用单只整流管。因为这种电路,在负半周施加反向电压时,仍有很小的反向电流流过表头,这将造成仪表指针颤抖,且有很大的反向电压加在整流元件上,易造成整流器件的击穿。

采用两只整流元件的半波整流电路可以消除指针抖动和反向击穿的可能性。MF 系列万用表采用的是图 8-11 所示的具有反向保护作用的半波整流电路。在正半周时,二极管 D_1 导通,D_2 截止;负半周时,D_1 截止,D_2 导通,表头流过的是经过整流的半波整流电流 i_g,如图 8-12 所示。如果没有 D_2 元件,在负半周时,会有很小的反向电流流过表头,将会造成仪表指针的颤动,而且还有很大的反向电压加在整流元件 D_1 上,极易造成该元件的击穿。而采用两个整流元件后,负半周时由于 D_2 导通,使 D_1 两端的反向电压大为降低,起到了反向保护作用,同时表头也不再通过反向电流。

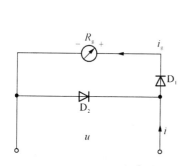

图 8-11　半波整流电路

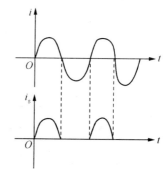

图 8-12　半波整流电路波形图

磁电系测量机构的偏转角是由平均转动力矩决定的,而平均转动力矩与整流电流 i_g 的平均值有关。若外加电流为正弦量并设为 $i = I_m \sin\omega t$,则半波整流波 i_g 的平均值为:

$$I_{cp} = \frac{1}{T}\int_0^{\frac{T}{2}} i\mathrm{d}t = \frac{1}{T}\int_0^{\frac{T}{2}} I_m\sin\omega t\,\mathrm{d}t = \frac{I_m}{\pi} = \frac{\sqrt{2}I}{\pi} = 0.45I \qquad (8-9)$$

式(8-9)中 I 为正弦量的有效值,上式也可表达为:

$$I = \frac{I_{cp}}{0.45} = 2.22I_{cp} \qquad (8-10)$$

式(8-10)说明被测正弦量的有效值 I 是半波整流后流入表头的半波整流电流的平均值 I_{cp} 的 2.22 倍,说明半波整流仪表的偏转角也与被测正弦交流量的有效值成正比,因此,磁电系仪表加上整流装置后可以用来测量正弦交流电量的有效值。

② 全波整流电路

有时用四个整流元件组成全波桥式整流电路。则无论正半周或负半周,均有电流通过表头,故整流电流的平均值比半波时大了一倍。即

$$I_{cp} = 0.9I \qquad (8-11)$$

$$I = \frac{I_{cp}}{0.9} = 1.11I_{cp} \qquad (8-12)$$

由于仪表的偏转角取决于电流平均值,而平均值又与正弦波有效值存在上面的关系,因此磁电系仪表加上整流器之后可以用来测量正弦电压的有效值。

(2) 测量线路

在万用表中,为了节省元件,希望交流电压各量程的分压电阻能与直流电压各量程的分压电阻共用,而且为了读数方便,要求交流电压的有效值读数能与直流电压的读数共用一个刻度尺,至少也要基本相同。这就产生一个问题,即在同样的分压电阻情况下,当被测交流电压是 1 V 的有效值时,通过电表的平均电流与被测直流电流电压也是 1 V 时通过电表的电流相比较,半波整流时是直流时的 0.45 倍,指针的偏转角显然比直流时要小,这就需要在交流测量线路中增加与表头并联的分流器电阻,以提高流过表头的电流。图 8-13 是 MF-30 型万用表的交流电压测量线路,将该图与图 8-9 的直流电压测量线路相比较,可以看到在同量程下,与表头并联的分流电阻是不相同的。例如同在 500 V 量程时,直流电压测量线路中表头的分流电阻是 $R_1 \sim R_5$,而在交流电压测量线路中则是 $R_1 \sim R_7$。但它们的分压电阻却是一样的($R_{11} \sim R_{14}$)。

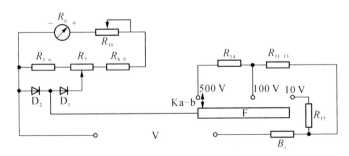

图 8-13   MF-30 型万用表交流电压测量线路

也可以这样理解，MF－30 型万用表的表头满偏电流为 40.6 μA，说明在直流时为 40.6 μA 满偏，而在半波整流电流时，则应是 40.6 μA 平均值才能满偏，即正弦交流的有效值应是 40.6 μA/0.45＝90.2 μA 才能经半波整流后使表头满偏。

4. 直流电阻测量线路

电阻元件是无源元件，在无激励的情况下，它既无电压又无电流，欲使磁电系测量机构偏转，必须附加电源，因此，万用表中附有干电池。

（1）欧姆表原理

欧姆表的原理图为图 8－14 所示。

图 8－14 中 R_x 为被测电阻。根据欧姆定律，图中电流 I 应为：

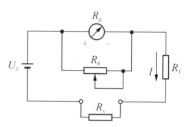

图 8－14　欧姆表原理图

$$I = \frac{U_s}{R_x + R_1 + \dfrac{R_0 \cdot R_g}{R_0 + R_g}} = \frac{U_s}{R_x + R_1 + R'} \quad (8-13)$$

式(8－13)中 $R' = R_0 // R_g$，可见，当电池电压 U_s 及其他已知电阻保持不变时，被测电阻 R_x 越大，电流 I 越小；反之，R_x 越小，电流 I 越大。当 $R_x = \infty$ 时，$I = 0$，指针偏转角 $\alpha = 0$；当 $R_x = 0$ 时，I 最大，指针偏转角最大，可通过调节电阻 R_0 使指针满偏。可见欧姆表标尺刻度与电流刻度的方向相反，而且刻度不均匀，如图 8－15 所示。电阻 R_0 也称零欧姆调整器。

（2）欧姆中心值

在式(8－13)中，当 $R_x = 0$ 时，仪表指针偏转角为满刻度，即电流 I 为最大，设为 I_0，即：

$$I_0 = \frac{U_s}{R_1 + R'} \quad (8-14)$$

式中，$R_1 + R'$ 为欧姆表内部的总电阻，当被测电阻 R_x 与该总内阻值相等时，即 $R_x = R_1 + R'$ 时，电流为

$$I = \frac{U_s}{2(R_1 + R')} = \frac{1}{2} I_0 \quad (8-15)$$

可见，这时指针偏转角为满偏时的一半，这时指针指示的欧姆标尺的值就是欧姆中心值，所以欧姆中心值就是欧姆表在这一挡的总内阻值。

从图 8－15 的欧姆表标尺可见，虽然标尺刻度是在 0～∞Ω 之间，但只有在靠近中心值的一段范围内，分度比较细，读数比较准确，所以在测量电阻时还需选择合适的测量挡位。

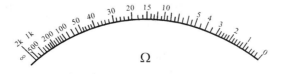

图 8－15　欧姆表标尺

（3）欧姆表量程的扩大

欧姆表量程是通过 $R \times 1$、$R \times 10$、$R \times 100$、$R \times 1k$、$R \times 10k$ 等倍率（即读数乘以倍数）而扩大量程的，实际上就是通过改变欧姆中心值的方法来实现的。

图 8-16 是 MF-30 型万用表测量电阻的线路。它共有 $\times 1$、$\times 10$、$\times 100$、$\times 1k$、$\times 10k$ 五挡量程，各挡量程的欧姆中心值是以 10 的倍率改变的，即假设 $\times 1$ 这一挡的欧姆中心值为 16 Ω，那么测量电阻时，指针若正好在 16 Ω 刻度位置，则被测电阻就为 16 Ω。若量程选择在 $\times 100$ 这一挡，它的欧姆中心值是 1 600 Ω。测量电阻时，指针若在此标尺的 16 Ω 位置，则被测电阻就为 1 600 Ω。

欧姆中心值是根据表头量程及电池电压大小确定的。

图 8-16 中看到，在 4 个低阻倍率挡（$\times 1$、$\times 10$、$\times 100$、$\times 1k$）的线路中，电压为 1.5 V，而在 $\times 10k$ 这个高倍率挡的线路中，电池电压为 15 V，这是因为在高阻倍率挡的欧姆中心值较大，被测电阻范围也较大，这样势必降低线路电流，若还用原来较低电压的电池，在 $R_x = 0$ 时，表头指针不能达到满偏，影响了表头灵敏度，为此采用了提高电池电压的办法。这种电池是一种电压较高的积层电池。

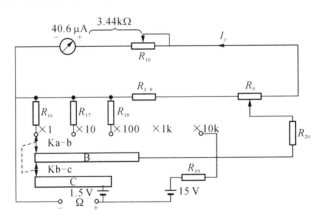

图 8-16　MF-30 型万用表电阻测量线路

（4）欧姆表各挡线路的设计要点

第一，欧姆表各挡的欧姆中心值是一个重要指标，它是通过电阻适当的串、并联来实现的。在设计测量电阻的线路时，一般是从低阻高倍率挡开始，然后再按 10 倍关系的倍率来确定其他各挡的测量线路。如 MF-30 万用表的电阻测量线路是先从 $\times 1k$ 挡开始设计的。为了简化说明，将该挡的测量电路画出如图 8-17 所示。图中 R_0 可调电阻的作用在后面介绍。为便于说明设计原理，此处先暂时将滑头 d 点调至 R_0 的最右端来分析，即将 $R_0 + R_0'$ 作为一个分流电阻来处理。MF-30 万用表在该挡的欧姆中心值是 25 kΩ，其测量机构的内阻 R_g 为 3.44 kΩ，满偏电流为 40.6 μA，U_S 值先设为 1.5 V，为了使外测电阻 $R_x = 0$（即电表两端纽短接）时，表头指针满偏，则有如下关系式：

$$\frac{1.5}{25 \times 10^3} \times \frac{(R_0' + R_0)}{3.44 \times 10^3 + (R_0' + R_0)} = 40.6 \times 10^{-6} \qquad (8-16)$$

而且还有关系式：

$$R+\frac{3.44\times10^3\times(R_0'+R_0)}{3.44\times10^3+(R_0'+R_0)}=25\times10^3 \tag{8-17}$$

求解上两式,即可计算出图 8-16 中的 (R_0+R_0') 和 R 的值。为了共用元件,图 8-17 中的 R_0' 即为该表直流电流测量线路中的 $R_1\sim R_8$,R_0 即为直流测量线路中的 R_9。该图中的 R 即为图 8-16 中的 R_{20}。

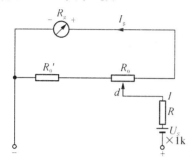

图 8-17 万用表×1k电阻挡测量线路

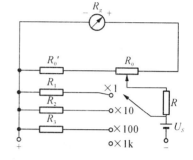

图 8-18 万用表低阻低倍率挡线路

第二,低阻高挡线路设计完成后,那么低阻低挡各线路只要在低阻高挡线路的基础上适当并联分流器即可,但并联分流器后必须满足该低挡量程的欧姆中心值。如图 8-18 所示。例如图中的转换开关在×100 的位置时,应使 R_3 与 25 kΩ 并联后的总电阻值为×100 这一挡的欧姆中心值 2.5 kΩ,即

$$\frac{25\cdot R_3}{25+R_3}=2.5 \tag{8-18}$$

依次类推,即可计算出×1、×10 等各挡所需并联的电阻值,如图 8-18 中的 R_1、R_2。

第三,零欧姆调整器的计算。如图 8-18 所示的 R_0 就是零欧姆调整器,也称调零电阻,在万用表的面板上安装调节按钮进行调节。它的设置是为了考虑电池电压的变化,因为干电池随使用或存放时间的长短,其端电压 U_S 会有变化,它的变化将会使电阻测量结果有较大误差。设置调零电阻,就能使电池电压有变动时,保证在 $R_x=0$ 时,表头指针能位于欧姆零点位置,即表头满偏位置,并使欧姆中心值基本维持不变。电源电压 U_S 值的变化范围一般考虑在 1.2 V~1.6 V 之间,电压在最低和最高时,电路的总电流分别设为 I_L 和 I_H,则

$$I_L=\frac{1.2}{R_M} \tag{8-19}$$

$$I_H=\frac{1.6}{R_M} \tag{8-20}$$

式中的 R_M 为某挡的欧姆中心值。因为在 $R_x=0$ 时,表头都应满偏,那么当电源为 1.2 V 时,因电路总电流小,则表头的分流电阻应加大些,调零电阻的滑动触头 d 应在 R_0 的最右端,这时 (R_0+R_0') 为分流电阻。

在电源电压值为 1.6 V 时,表头分流电阻应变小,则调零电阻的滑动触头 d 应在 R_0 最左端。这时 R_0' 为分流电阻,而 R_0 则与表头内阻串联。

则有：

$$I_H \cdot \frac{R_0'}{R_0' + R_0 + R_g} = I_g \qquad\qquad (8-21)$$

$$I_L \cdot \frac{R_0' + R_0}{R_0' + R_0 + R_g} = I_g \qquad\qquad (8-22)$$

式中 I_g 为表头满偏电流（MF-30 万用表为 40.6 μA）。这样计算出 R_0 值后，再将前面式 (8-16)、式(8-17)的计算结果与之进行比较、调整，确定 R_0、R_0'、R 等值。

第四，欧姆挡量程的扩大。为了测量不同大小的电阻，欧姆表量程分为不同挡。欧姆挡的倍率分别为 $R\times1$，$R\times10$，$R\times100$，$R\times1k$；高倍率挡还有 $R\times10k$，$R\times100k$ 等。

被测电阻阻值增加，必然会使线路电流减小，为了不影响表头原灵敏度，必须采取一定措施，主要有以下两种方法：

① 采用不同的分流电阻

若保持电源电压不变，可改变与表头并联的分流电阻。即低阻挡用小的分流电阻，高阻挡用大的分流电阻。这样当开关位于高阻挡时，虽然被测电阻 R_x 增大，整个电路的电流减小，但通过表头的电流仍可保持不变。相同的指针读数，所表示的被测电阻值也就扩大了。实际上电表的中心阻值等于欧姆表内部的总电阻，所以增大分流电阻，等于增大中心阻值。一般万用表低挡均采用这种办法来扩大量程。

② 提高电池电压

被测电阻增大后，为了保持电流值不变，可以提高万用表的电池电压。不过考虑到 R_x 为零时，电表电流要等于满偏电流，所以增大电压的同时要增加串联电阻。通常欧姆表的高倍挡，如 R×10k 挡，就是采用这种办法，用一种电压较高的积层电池。积层电池的标称电压有 4.5 V、6 V、9 V、15 V、22.5 V 等。

欧姆表高阻挡的计算与低阻挡相似，只是干电池电压及欧姆中心值都提高了 10 倍。见图 8-16 中的 ×10k 挡。

有时在高阻挡采用既提高电源电压又增加分流电阻数值的双重措施。

5. 电平的测量

(1) 电平的单位——分贝

电平是表示电功率或电压大小的一个参量，但它不用绝对值表示，而是用相对值表示。因为功率或电压通过某一网络后总会产生衰减或放大，人们不但需要了解输出功率或电压的绝对值为多大，还需了解输出功率或电压与输入功率或电压的比是多大，这种相对值的表示法有许多种，比如可用百分数表示，而电平则是用对数来表示这种放大或衰减倍数的。若用 S 表示电平，则其定义为：

$$S = 10 \lg \frac{P_2}{P_1} (\mathrm{db}) \qquad\qquad (8-23)$$

电平的单位是分贝，以符号"db"表示。式(8-23)中 P_2 表示输出功率，P_1 表示输入功率。可以看出，当 $P_2 < P_1$ 时，"db"为负值，表示衰减，反之，$P_2 > P_1$ 时则表示放大。

实际测量中，电压测量较为方便，在负载电阻 R_L 一定的情况下，有 $P = U^2/R_L$ 关系式。

可以得到用电压表示的电平表达式为：

$$S = 20 \lg \frac{U_2}{U_1} (\text{db}) \qquad (8-24)$$

式 8－24 中，U_2 表示输出电压，U_1 表示输入电压。

（2）零分贝

以上两个电平的表达式反映了输入与输出的相对变化，称为相对电平。为了确定电路中某负载的绝对电平，需规定一个标准零分贝来比较。通常规定在 600 Ω 电阻上消耗 1 mW 的功率作为标准零分贝，用 P_0 表示。这样，电路中某负载的电平，即绝对电平表示的就是该负载的功率 P 与零电平功率 P_0 比值的对数，绝对电平 S_0 可表达为：

$$S_0 = 10 \lg \frac{P}{P_0} = 10 \lg \frac{P}{1\,\text{mW}} (\text{db}) \qquad (8-25)$$

根据 $U = \sqrt{PR}$，可以得到对应于零分贝功率 P_0 时的零分贝电压值为：

$$U_0 = \sqrt{1 \times 10^{-3} \times 600} = 0.775\,\text{V} \qquad (8-26)$$

这样任意一个电压都可以用绝对电平来表示，即：

$$S_0 = 20 \lg \frac{U}{U_0} = 20 \lg \frac{U}{0.775} (\text{db}) \qquad (8-27)$$

万用表上的分贝标尺，一般都是按绝对电平来刻度的，由式（8－25）可见，分贝数 S_0 与电压 U 是一一对应的，所以分贝刻度就与电压挡的刻度相对应。万用表一般是与交流电压最低挡对应的，零分贝的位置就是交流电压标尺 0.775 V 的位置。当电压 U 大于 0.775 V 时，对应的分贝标尺刻度是正的，当 U 小于 0.775 V 时，对应的分贝标尺刻度是负的。如图8－19 所示。

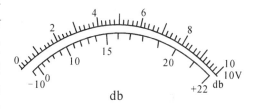

图 8－19　万用表分贝标尺

由图 8－19 可看出电压标尺与分贝标尺的对应关系。例如：

电压 $U = 7.75$ V，则分贝值为 $20 \lg(7.75/0.775) = 20 \lg 10 = 20$ db

电压 $U = 10$ V，则分贝值为 $20 \lg(10/0.775) = 22.2$ db

电压 $U = 0.245$ V，则分贝值为 $20 \lg(0.245/0.775) = -10$ db

所以在万用表中的电平测量线路实质上就是交流电压的测量线路，只不过是把测量的读数换成分贝数。

（3）分贝量程的扩大

由图 8－19 可知，分贝标尺是与交流电压挡的最低挡（10 V 挡）相对应的，称之为基准分贝读数。即 $U = 10$ V 时，分贝值为 22.2 db。当被测电平较高时，只要把转换开关转到交流电压的高量程挡即可。例如转换开关转到交流 50 V 挡上，这时电压的最大量程比 10 V 扩大了五倍，分贝数则为：

$$20 \lg \frac{5U}{0.775} = 20 \lg 5 + 20 \lg \frac{U}{0.775} = 14 + 20 \lg \frac{U}{0.775} \text{(db)} \qquad (8-28)$$

即在交流 50 V 挡位时,分贝读数应在基准分贝读数基础上再加上 14 db 的附加分贝值。

在交流电压 100 V 挡位时,分贝读数为:

$$20 \lg \frac{10U}{0.775} = 20 \lg 10 + 20 \lg \frac{U}{0.775} = 20 + 20 \lg \frac{U}{0.775} \text{(db)} \qquad (8-29)$$

即分贝读数在基准分贝读数基础上再加上 20 db 的附加分贝值。

在交流 250 V 挡位时,分贝读数为:

$$20 \lg \frac{25U}{0.775} = 20 \lg 25 + 20 \lg \frac{U}{0.775} = 28 + 20 \lg \frac{U}{0.775} \text{(db)} \qquad (8-30)$$

即分贝读数在基准分贝读数基础上再加上 28 db 的附加分贝值。

在交流 500 V 挡位时,分贝读数为:

$$20 \lg \frac{50U}{0.775} = 20 \lg 50 + 20 \lg \frac{U}{0.775} = 34 + 20 \lg \frac{U}{0.775} \text{(db)} \qquad (8-31)$$

即分贝读数在基准分贝读数的基础上再加 34 db 的附加分贝值。

MF - 30 万用表对应于交流电压量程的 10 V、100 V、500 V 三个挡位,就有 +22 db、+42 db、+56 db 三个分贝附加量程。

6. 电容的测量

有的万用表还有测量电容的挡位。在 MF - 16 型万用表用来测量电容时,需将被测电容 C_X 与表棒串接到 250 V、50 Hz 的交流电源上,如图 8 - 20 所示。

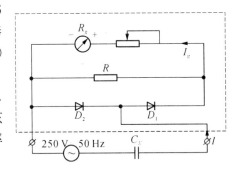

电表内部线路即为交流 250 V 挡的测量线路。设该挡的电表总内阻值为 R,根据交流电路理论,该电路的总电流大小 I 与电源电压 U(250 V)频率 f(50 Hz)及被测电容 C_X 有关,表达式为:

$$I = \frac{U}{\sqrt{R^2 + \left(\frac{1}{\omega C_X}\right)^2}} \qquad (8-32)$$

图 8 - 20 万用表电容测量线路图

式(8 - 32)中 U、R、$\omega(2\pi f)$ 都是定值,则 I 与 C_X 是一一对应的关系。不同的 C_X 值,电路中有不同的电流值,表头指针就有对应的偏转角,从而就得到了不同的 C_X 的读数。

8.2.4 万用表整体电路的整合

前面已将万用表各类电量测量线路分别作了介绍,将单一电路进行整合即得到整体电路。在整合过程中,主要考虑以下几点:

（1）共用一个磁电系表头。

（2）通过转换开关进行各挡的转换，转换开关尽量少，便于操作。

（3）元件尽量共用。例如直流电压与交流电压的分压电阻，直流电流、直流电压、交流电压、电阻测量等线路的表头分流电阻等都应尽量共用，以提高元件利用率，缩小产品体积。

图 8-21 是 MF-30 型万用表的总体电路图，仅供参考。

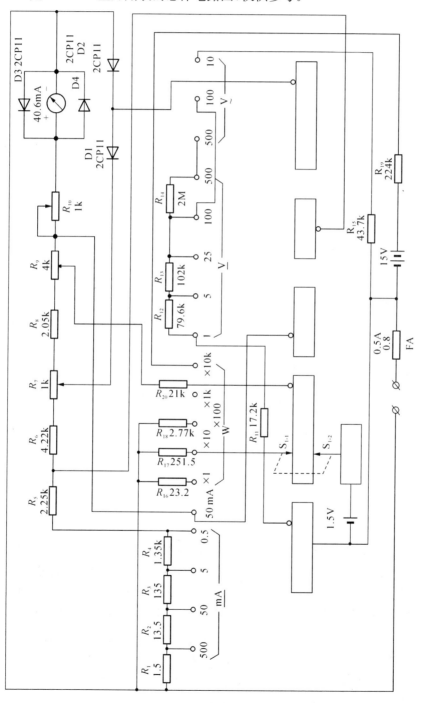

图 8-21 MF-30 型万用表总体电路图

8.3 万用表的 Multisim 仿真

在设计完成万用表电路之后,我们就可以利用电路仿真软件(Multisim)来对自己设计的电路进行仿真与调试了。具体步骤如下:

8.3.1 Multisim 软件的学习

有关 Multisim 软件的基本知识和使用方法,在本书第 3 章 3.3 节虚拟电路实验平台(Multisim 10)中有详细介绍,学生可通过教师现场讲授或课后自学来进行掌握。

8.3.2 单元电路的仿真

将自己设计的各个单元电路用 Multisim 10 软件生成电路图并进行仿真和调试,直至满足各单元电路的设计要求。方法与步骤如下:

1. 启动 Multisim 10 软件

在 Multisim 主窗口的工作区内创建各单元电路的测试电路。

注意事项:

(1) 要保证各元件之间的连接可靠。

(2) 尽可能减少电路中不必要的连线和节点,连线应尽量避免过多的拐弯,连线之间应保持一定的距离,不能太密。

(3) 对于各量程挡位的设置,可设计成几个节点分别代表不同的挡位在仿真时将相应挡位的节点与测量电路相连即可。如图 8 - 22 所示:

图中各挡位量程的标注通过对相应节点的"Label"设置来实现,表头内阻的大小可直接通过对电流表的内阻(Resistance)设置来实现。

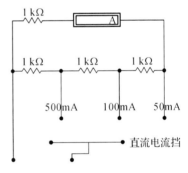

图 8 - 22 各量程挡位的设置示意图

2. 对所创建的单元电路功能进行仿真测试

此项工作主要包括以下内容:

(1) 直流电流挡的仿真

在所设计的直流电流测量电路的输入端分别输入不同量程的直流电流(由元件库中的直流电流源提供,通过设置"Value"得到不同大小的输入电流),在测量表头所在位置放置一电流表并设置适当参数,接通相应量程挡,观测电流表的读数,与实际输入值(或由输入电压产生的输入电流值)进行比较,若两数值相等或相近,则所设计的单元电路通过仿真测试;否则,需重新对该单元电路进行设计和仿真(在两数值相差不大的情况下,也可通过直接改变电路电阻参数设置来进行优化和再设计)直至两数值相等。

(2) 直流电压挡的仿真

在所设计的直流电压测量电路的输入端分别输入不同量程的直流电压(由元件库中的

直流电压源提供,通过设置"Value"得到不同大小的输入电压),在测量表头所在位置放置一电流表并设置适当参数,接通相应量程挡,观测电流表的读数,与理论计算值(表头读数)进行比较,若两数值相等或相近,则所设计的单元电路通过仿真测试;否则,需重新对该单元电路进行设计和仿真(在两数值相差不大的情况下,也可通过直接改变电路电阻参数设置来进行优化和再设计)直至两数值相等。

(3)交流电流挡的仿真

在所设计的交流电流测量电路的输入端分别输入不同量程的交流电流(由元件库中的交流电流源提供,通过设置"Value"得到不同大小的输入电流),在测量表头所在位置放置一电流表并设置适当参数,接通相应量程挡,观测电流表的读数,与实际输入值(或由输入电压产生的输入电流值)进行比较,若两数值相等或相近,则所设计的单元电路通过仿真测试;否则,需重新对该单元电路进行设计和仿真(在两数值相差不大的情况下,也可通过直接改变电路电阻参数设置来进行优化和再设计)直至两数值相等。

(4)交流电压挡的仿真

在所设计的交流电压测量电路的输入端分别输入不同量程的交流电压(由元件库中的交流电压源提供,通过设置"Value"得到不同大小的输入电压),在测量表头所在位置放置一电流表并设置适当参数,接通相应量程挡,观测电流表的读数,与理论计算值(表头读数)进行比较,若两数值相等或相近,则所设计的单元电路通过仿真测试;否则,需重新对该单元电路进行设计和仿真(在两数值相差不大的情况下,也可通过直接改变电路电阻参数设置来进行优化和再设计)直至两数值相等。

(5)电阻挡的仿真

在所设计的直流电压测量电路的输入端分别输入不同量程的电阻元件,(在电源位置放置相应的电源)在测量表头所在位置放置一电流表并设置适当参数,接通相应量程挡,观测电流表的读数,与理论计算值(表头读数)进行比较,若两数值相等或相近,则所设计的单元电路通过仿真测试;否则,需重新对该单元电路进行设计和仿真(在两数值相差不大的情况下,也可通过直接改变电路电阻参数设置来进行优化和再设计)直至两数值相等。

8.3.3　整体电路的仿真

在单元电路设计完成并通过仿真后,就可进行整体电路的设计和仿真。整体电路的仿真必须是在整体电路设计完成并经过初步检查后方可进行。

方法与步骤如下:

1. 启动 Multisim 10 软件

在 Multisim 主窗口的工作区内创建整体电路的测试电路。(注意事项与单元电路相同)

2. 对所创建的整体电路功能进行仿真测试

包括以下几项:

(1)直流电流挡的仿真

与相应单元电路的仿真相同。

（2）直流电压挡的仿真

与相应单元电路的仿真相同。

（3）交流电流挡的仿真

与相应单元电路的仿真相同。

（4）交流电压挡的仿真

与相应单元电路的仿真相同。

（5）电阻挡的仿真

与相应单元电路的仿真相同。

在整体电路通过仿真、优化并得到满意的结果后，此次课程设计的任务就基本完成了。接着就是对课程设计任务完成的验收。

8.4　课程设计验收标准

课程设计的验收分以下几项：

8.4.1　设计部分

包括单元电路的设计与仿真、整体电路的设计。

（1）由指导老师审图并提问考察设计部分完成情况。

（2）验收标准：① 要求单元电路设计完整、原理清楚，线路连接及参数计算合理；② 要求整体电路框架完整、思路明确、经过总体考虑且布局与设计线路基本合理。

8.4.2　仿真部分

包括整体电路的仿真与优化。

（1）由指导老师检查每个测量电路的仿真结果并进行提问，考察仿真部分完成情况。

（2）验收标准：① 要求整体电路的绘制布局合理，线路清晰完整；② 要求每个测量电路的输入值与测量读数在误差范围内。

第9章 直流稳压电源的设计与仿真

9.1 课程设计任务书及时间安排

9.1.1 课程设计任务

（1）在学习掌握电工仪表基本知识的基础上，掌握电源变压器的设计和计算方法并设计单路 5 V 直流稳压电源。

（2）在设计电路的基础上，利用 Multisim 10 软件，在计算机上进行仿真实验、调试，并观察直流稳压电源的各点波形。

9.1.2 直流稳压电源的技术指标

输入：AC 220 V±10%，50 Hz；

输出：DC 5 V±2%，1 A；

稳定度（$\Delta U/U$）：小于 0.01；

波形电压：$U_{p-p} < 5$ mV。

9.1.3 Multisim 软件仿真、调试

（1）学习掌握 Multisim 10 软件知识及操作方法。

（2）应用 Multisim 10 软件仿真直流稳压电源，具体内容为：画出直流稳压电源的完整电路图，并存盘；对每个点的电压及波形进行仿真测量，分析误差；调节元件参数，查找故障点。

9.1.4 课程设计报告要求

（1）设计任务及主要技术指标。

（2）各单元电路的设计计算过程。

（3）整体电路设计过程，打印整体电路图。

（4）元器件明细表。

（5）总结收获和体会。

9.1.5 课程设计考核方法

学生完成电路设计后，通过 Multisim 10 仿真，指导老师对每个学生的设计，选择部分输出点进行验收检查，并通过提问或设置故障等形式，了解学生的设计水平、掌握电路基本知识的程度、独立解决问题的能力及工作作风、学习态度等情况；结合课程设计报告，指导教

师对每位学生作出评语。成绩分为优秀、良好、中等、及格、不及格五个等级。

9.1.6　课程设计阶段安排

课程设计为时一周,以教学班为一教学单位,每个学生单独进行设计的全过程。整个过程分为以下三个阶段:

1. 布置课程设计任务、指导设计阶段。

在这阶段中,指导老师向学生布置课程设计任务及要求。给学生讲授有关直流稳压电源的电路原理及设计方法以及元器件的有关知识,使学生明确设计任务、要求、技术指标等有关设计的内容,掌握直流稳压电源的有关知识,学会直流稳压电源电路的设计计算和电路综合的方法,能单独进行电路的设计,绘制出单元电路及整体电路图,列出元器件明细表,送老师审核。

2. Multisim 10 仿真阶段

这一阶段在机房中心完成,首先由指导教师介绍 Multisim 10 软件基本知识及操作方法,提出仿真要求,使学生学会利用 Multisim 10 软件绘制电路进行仿真实验、调整元器件、排除电路故障等技术,然后学生独立进行仿真,使电路达到设计要求,经指导教师考核合格后,方可完成设计任务。

3. 总结报告阶段

学生根据设计、仿真过程进行总结、整理,写出符合要求的课程设计报告。

9.2　直流稳压电源的设计和计算

9.2.1　直流稳压电源的基本知识

在实践中,电子设备正常工作需要稳定的直流电源供电。小功率稳压电源是由电源变压器、整流电路、滤波电容和稳压电路等四部分组成的。

电源变压器是将电网电压 220 V 变为整流电路所需的交流电压,然后通过全波整流电路将交流电压变成脉动的直流电压,通过滤波电路将此脉动的直流电压中含有的较大的纹波滤除,从而得到平滑的直流电压。但这时的直流电压还会随电网电压波动、随负载和温度的变化而变化,因而在整流、滤波电路之后,还需接上稳压电路,以维持输出的直流电压稳定。

1. 电源变压器的工作原理

电源变压器的作用是将电源电压变成整流电路需要的交流电压 $u_2(t)$,即

$$u_2(t) = \sqrt{2}U_2\sin\omega t \,(\text{V}) \qquad (9-1)$$

(1)虽然变压器初、次级电压之比是与初、次级匝数是成正比的,但次级输出电压的幅度并非仅取决于匝数比,它是由下式决定的,即

$$U_2 = 4.44 f B_m S_C N_2 \times 10^{-8} \, (\text{V}) \tag{9-2}$$

其中 f 是电源频率,单位为 Hz;B_m 是铁芯材料的最大磁通密度,单位高斯(G);S_C 是铁芯横截面积,单位 cm^2;N_2 是次级线圈的匝数。由上式可得变压器应选用的每伏匝数 T_V 为:

$$T_V = \frac{N_2}{U_2} = \frac{10^8}{4.44 f B_m S_C} \ \text{匝} \ / \ \text{伏} \tag{9-3}$$

可见选用较好的铁芯材料和较大的铁芯截面积可使每伏匝数 T_V 减少,但也不能使变压器体积过分庞大。因此,必须适当选择 S_C 和 B_m,以达到额定的输出电压。

(2) 额定输出功率和输入功率是电源变压器的两项主要指标。电源变压器的额定输出功率 P_S 是次级在额定负载下输出的视在功率,它决定于次级负载和整流电路。若采用桥式全波整流电路,然后滤波,则此时变压器额定功率 P_S 为:

$$P_S = U_2 I_2 \tag{9-4}$$

电源变压器的传输效率是实际输出功率 $P_{输出}$ 和额定输出功率 P_S 之比的百分数:

$$\eta = P_{输出} / P_S \times 100\% \tag{9-5}$$

2. 整流电路

有半波整流、全波整流和桥式整流几种方式。考虑到整流效率及对器件的要求,多采用桥式全波整流电路,即用 4 只整流二极管 $D_1 \sim D_4$ 连接成电桥形式的整流电路。它利用二极管的单向导电性,将电源变压器输出的交流电压 $u_2(t)$ 变成单方向的全波脉动直流电。由于桥式整流电路经常使用,故该电路已被制成整流桥器件,市场上有多种规格型号供选择。

3. 滤波电路

可用动态元件 L、C 来实现,但在实际应用中,通常利用电容元件在电路中的储能作用,在负载两端并联电容 C,当电源供给的电压升高时,它把部分能量储存起来,而当电源电压降低时,就把能量释放出来,使负载电压平滑,达到滤波的目的。

4. 稳压电路

经整流滤波后的直流电源还不是理想的电源,它会随着负载的变化与输入电网电压的波动而改变输出电压的大小。因此,必须采用稳压电路来维持输出电压的稳定。随着电子技术的发展,为满足市场需求,各种稳压模块相继问世。目前较为常用的是三端稳压器,如具有固定输出的 78XX 系列、79XX 系列,输出连续可调的 317 系列等。

9.2.2　设计方案的确定

(1) 单元电路的选择和设计

① 电源变压器;② 整流电路;③ 滤波电路;④ 稳压电路。

(2) 各部分电路参数的确定

(3) 各器件参数的确定

① 变压器;② 整流桥;③ 滤波电容;④ 去耦电容。

9.3　直流稳压电源的 Multisim 仿真

在设计完成直流稳压电源电路之后,我们就可以利用电路仿真软件(Multisim)对设计电路进行仿真与调试。具体步骤如下:

9.3.1　Multisim 软件的学习

此处相关知识在本书第 6 章 6.3 节有详细介绍。

9.3.2　单元电路的仿真

将各个单元电路用 Multisim 10 软件生成电路图并进行仿真和调试,直至满足各单元电路的设计要求。

9.3.3　方法与步骤

1. 启动 Multisim 10 软件

在 Multisim 主窗口的工作区内创建各单元电路的测试电路。注意事项:

(1)要保证各元件之间的连接可靠。

(2)尽可能减少电路中不必要的连线和节点,连线应尽量避免过多的拐弯,连线之间应保持一定的距离,不能太密。

2. 对所创建的单元电路功能进行仿真测试

此项工作主要包括以下几项:

(1)变压器电路的仿真

在所设计的变压器电路的输入端分别输入不同大小的交流电源电压(由元件库中的交流电压源提供,通过设置"Value"得到不同大小的输入电压),输出端接入一电压表,观测输出端电压表的读数,与理论输出值(即由输入电压作用下的输出电压值)进行比较,若两数值相等或相近,则所设计的变压器单元电路通过仿真测试;否则,需重新对该单元电路进行设计和仿真(在两数值相差不大的情况下,也可通过直接改变电路参数设置来进行优化和再设计)直至两数值相等。

(2)整流电路的仿真

在所设计的整流电路的输入端分别输入不同大小的交流电压,在整流电路的输出端接入一示波器,观测输出电压的波形,与理想波形进行比较,若两波形相同,则所设计的整流单元电路通过仿真测试;否则,需重新对该单元电路进行设计和仿真,直至达到理想波形。

(3)滤波电路的仿真

在所设计的滤波电路的输入端输入幅度不同的整流波,在滤波电路的输出端接入一示波器,观测输出电压的波形,与理想波形进行比较,若两波形相同,则所设计的滤波单元电路通过仿真测试;否则,需重新对该单元电路进行设计和仿真,直至达到理想波形。

（4）稳压电路的仿真

在所设计的稳压电路的输入端输入滤波电路的输出电压,在稳压电路的输出端接入一示波器,观测输出电压的波形,与理想波形进行比较,若两波形相同,则所设计的滤波单元电路通过仿真测试;否则,需重新对该单元电路进行设计和仿真,直至达到理想波形。

　　3. 整体电路的仿真

在单元电路设计完成并通过仿真后,就可以进行整体电路的设计和仿真了。整体电路的仿真必须是在整体电路设计完成并经过初步检查后方可进行。

方法与步骤如下:

（1）启动 Multisim 10 软件,在 Multisim 主窗口的工作区内创建整体电路的测试电路。注意事项与单元电路相同。

（2）对所创建的整体电路功能进行仿真测试。包括以下几项:

① 测试直流稳压电源各级电压,观察各级电压的波形。

② 验证直流稳压电路的稳压功能,测试直流稳压电路的稳压系数。

在整体电路通过仿真、优化并得到满意的结果后,此次课程设计的任务就基本完成了。接着就是对课程设计任务完成的验收。

9.4　课程设计验收标准

此次课程设计的验收分以下几项:

9.4.1　设计部分

包括单元电路的设计与仿真、整体电路的设计。

（1）由指导老师审图并提问考察设计部分完成情况。

（2）验收标准:① 要求单元电路设计完整、原理清楚,线路连接及参数计算合理;② 要求整体电路框架完整、思路明确、经过总体考虑且布局与设计线路基本合理。

9.4.2　仿真部分

包括整体电路的仿真与优化。

（1）由指导老师检查每个测量电路的仿真结果并进行提问,考察仿真部分完成情况。

（2）验收标准:① 要求整体电路的绘制布局合理,线路清晰完整;② 要求每级电路的输出电压及波形符合设计要求;直流稳压电源的稳压功能能够实现,稳压系数符合设计要求。

参考文献

[1] 郭永贞.模拟电路实验与 EDA 技术[M].南京:东南大学出版社,2011.

[2] 陈菊红.电工基础[M].北京:中国机械工业出版社,2016.

[3] 褚南峰.电工技术实验及课程设计[M].北京:中国电力出版社,2005.

[4] 王玫.电路分析基础[M].北京:中国机械工业出版社,2008.

[5] 吴晓娟.电路分析基础精品课程网站[M].山东大学,2008.

[6] 任姝婕,赵红.电路分析实验——仿真与实训[M].北京:机械工业出版社,2011.

[7] 余成波.传感器与自动检测技术[M].北京:高等教育出版社,2009.